白蚁防治丛书

堤坝白蚁防治教程

Diba Baiyi Fangzhi Jiaocheng

田伟金 涂金良 杨悦屏 刘毅 李彬 曾环标 蔡美仪 主编

中山大学出版社
SUN YAT-SEN UNIVERSITY PRESS

·广州·

版权所有　翻印必究

图书在版编目（CIP）数据

堤坝白蚁防治教程/田伟金，涂金良，杨悦屏，刘毅，李彬，曾环标，蔡美仪主编．—广州：中山大学出版社，2016.7

（白蚁防治丛书）

ISBN 978-7-306-05752-5

Ⅰ．①堤…　Ⅱ．①田…　②涂…　③杨…　④刘…　⑤李…　⑥曾…　⑦蔡…　Ⅲ．①堤坝—白蚁科—防治—教材　Ⅳ．①TV698.2　②Q969.29

中国版本图书馆 CIP 数据核字（2016）第 162991 号

出 版 人：	徐　劲
策划编辑：	蔡浩然
责任编辑：	蔡浩然
封面设计：	林绵华
责任校对：	杨文泉
责任技编：	何雅涛
出版发行：	中山大学出版社
电　　话：	编辑部 020-84110283，84111996，84111997，84113349
	发行部 020-84111998，84111981，84111160
地　　址：	广州市新港西路 135 号
邮　　编：	510275　传真：020-84036565
网　　址：	http://www.zsup.com.cn
	E-mail：zdcbs@mail.sysu.edu.cn
印 刷 者：	广东省农垦总局印刷厂
规　　格：	787mm×1092mm　1/16　8.25 印张　190 千字
版次印次：	2016 年 7 月第 1 版　2016 年 7 月第 1 次印刷
定　　价：	39.00 元

如发现本书因印装质量影响阅读，请与出版社发行部联系调换。

内 容 简 介

本书介绍了堤坝白蚁基础知识、堤坝白蚁防治的技术方法和管理措施，以及水利工程周边设施包括建筑物、电力与通信设施、农林与园艺作物等的白蚁防治方法，具有知识性、实用性和可操作性。

本书可作为培训水利白蚁防治人员的实用教材，也可作为水利工程技术人员和白蚁防治人员工作的重要参考用书。

前　言

　　白蚁是世界性的害虫。白蚁为害水利土质堤坝，常造成散浸、管漏和跌窝等险情，严重的可酿成崩堤垮坝事故，故有"千里金堤，溃于蚁穴"之说。

　　堤坝白蚁（或水利白蚁），是指为害水利工程及其附属设施的白蚁种类。堤坝白蚁对水利工程的危害主要是因为白蚁在堤坝内修筑巨大主巢，大的直径可达数米，主巢周围可能分布数十个甚至上百个大小不同的副巢或卫星菌圃，还有四通八达的大小蚁道彼此相通，不少蚁道可穿通堤坝的内外坡，当水位上涨时，水流进入隐藏于坝体内的蚁巢和蚁道，并通过蚁道将堤坝临水侧与背水侧贯通起来，形成一条贯穿堤坝的渗漏通道，导致险情发生，由此引发的危害对我国水利设施造成的直接和间接经济损失难以估计。除了为害水利主体工程外，堤坝白蚁还为害水利工程周边设施包括建筑物、电力设施、通信设施、农林和园艺作物等，造成严重的经济损失。

　　我国长江以南水利工程普遍存在堤坝蚁患，危害率高达53%～92%。广东省地处热带亚热带，属南亚热带湿润季风气候，阳光充足，降水量充沛，气候和生态环境适宜白蚁生长繁殖，而且广东土质多为粘性土，堤坝工程绝大部分地处山区，自然条件十分有利于堤坝白蚁滋生。据2011年广东省（除深圳外）堤坝白蚁情况普查，白蚁危害程度为2～3级的水库占普查总数65.4%，3级及以上堤防蚁害普遍，危害程度3级的占21.9%，蚁害情况呈现地区差异。在广东，为害堤坝的白蚁主要是黑翅土白蚁和黄翅大白蚁。

　　堤坝白蚁产生原因主要有五方面：①堤坝基础内存在旧蚁害隐患；②附近山坡和树林的白蚁蔓延至堤坝；③有翅成虫飞到堤坝上；④堤坝管理不善，产生白蚁；⑤加高培厚工程前未清除原堤坝内的白蚁。白蚁为害堤坝具有隐蔽性，其危害往往不易被水利工程技术人员所认识，甚至被忽略。要防治堤坝白蚁，首先须懂得发现蚁患，才能正确查找蚁害所在，以采取灭治措施，消灭和根除堤坝白蚁；同时，在消除堤坝蚁患之后仍须继续对堤坝白蚁进行长期的监测和预防，才能保障堤坝安全无患。因此，堤坝白蚁防治实质上是对堤坝白蚁的综合治理，是水利工程管理中一项需长期坚持的重要工作，必须予以重视。

　　广东省水利部门及白蚁防治专家经过长期的实践探索，从经验中总结出一套适合广东省的堤坝白蚁防治技术措施，将蚁患查找、白蚁灭治以及蚁害长期监测等方面系统地、科学地整合起来，形成了具有广东水利特色的"三环节、八程序"堤坝白蚁防治技术。"三环节、八程序"将灭杀白蚁、灌浆固堤和预防蚁害三项内容有机地整合起来，是一项既灭治蚁害又保证堤坝安全的堤坝白蚁综合治理策略。同时，该技术采用了"以引代找、先引后杀或引杀结合"的防治措施来代替传统的、容易破坏堤坝主体结构的挖巢法。"三环节、八程序"从以治为主到防治结合，最后进入以防为主，具有科学性、逻辑性、层次性和可操作性。事实证明，该技术措施可将蚁患严重的堤坝在两年内建成无蚁害堤坝。自20世纪90年代开始，广东省水利主管部门多次发文要求全省各级水利主管单位要严格执行"三环节、八程序"的堤坝白蚁防治新技术措施。多年来，该项技术在实践中不断得到应用和验证。2015年5月，广东省水利厅制定并印发了《广东省水利厅关于水利工程白蚁防治的管理办法》（粤水办〔2015〕6号），进一步明确要求省内各水利主管单位对存在白蚁危害的水利工程进行白蚁防治时，要严格执行"三环节、八程序"的防治技术，并按相关要求开展水利工程白蚁防治工作。这也充分表明"三环节、八程序"堤坝白蚁防治技术具有实用性和有效性。

  本书由广东省昆虫研究所和广东省水利水电技术中心组织人员共同编写。编写人员以"三环节、八程序"技术为中心，以现行的法律、法规、文件以及标准为指引，结合本书编写组多年来对水利白蚁防治的心得和经验总结，介绍了水利工程周边设施的白蚁防治措施，使堤坝白蚁防治技术更加全面和系统。本书另外有《堤坝白蚁防治》多媒体音像制品，可供选用，如有需要，可与编者联系。

  本书得到广东省水利水电技术中心的专项经费资助，在此特表感谢！

  本书编写过程中得到了各方面的支持和帮助，特别是《白蚁防控工程实用技术》编写组为本书提供了大量的资料和图片，广州粤昆源生物科技发展有限公司为本书的完成提供了帮助，广东省昆虫研究所李栋教授为本书提供了部分资料和图片，赖健为灌浆操作提供了部分图片。对上述各方面的鼎力相助，在此一并表示衷心的感谢！

  鉴于作者水平所限，本书不足之处敬请见谅，期盼同行专家指正并提出宝贵意见。

编 者

2016年3月

目 录

第1章 堤坝白蚁基础知识 (1)
  1.1 昆虫学基础知识概述 (1)
  1.2 白蚁生物学和生态学基础知识 (2)
    1.2.1 白蚁的品级分类 (3)
    1.2.2 白蚁的形态特征 (4)
    1.2.3 白蚁的扩散和传播 (6)
    1.2.4 白蚁的危害 (7)
  1.3 堤坝白蚁主要危害种类及其生物学特征 (10)

第2章 堤坝白蚁防治 (14)
  2.1 堤坝蚁患识别、检查及安全鉴定 (14)
    2.1.1 蚁患识别特征 (14)
    2.1.2 蚁害检查方法及要点 (15)
    2.1.3 探测堤坝蚁害的工具 (19)
    2.1.4 蚁害安全鉴定 (21)
  2.2 堤坝蚁害灭治 (22)
    2.2.1 灭治方法 (22)
    2.2.2 常用药物 (23)
  2.3 灌浆技术在堤坝白蚁防治中的应用 (25)
  2.4 堤坝白蚁防治工程验收 (29)
  2.5 堤坝白蚁综合防治策略:"三环节、八程序" (30)
    2.5.1 "三环节、八程序"之"杀"环节 (31)
    2.5.2 "三环节、八程序"之"灌"环节 (31)
    2.5.3 "三环节、八程序"之"防"环节 (32)

第3章 堤坝周边设施的白蚁防治 (33)
  3.1 几种常用的白蚁灭治方法 (33)
    3.1.1 喷粉法 (34)
    3.1.2 诱杀法 (35)
    3.1.3 埋设诱杀坑法 (36)
    3.1.4 熏蒸法 (36)
    3.1.5 毒饵灭治法 (37)
    3.1.6 挖巢法 (37)

  3.1.7　高温灭蚁法 ……………………………………………………（38）
 3.2　建筑物白蚁防治 …………………………………………………………（39）
  3.2.1　蚁害检查 ……………………………………………………（39）
  3.2.2　灭治方法和预防措施 ………………………………………（42）
 3.3　电力设施白蚁防治 ………………………………………………………（48）
  3.3.1　蚁害检查 ……………………………………………………（48）
  3.3.2　灭治方法和预防措施 ………………………………………（48）
 3.4　园林绿化和农林作物白蚁防治 …………………………………………（49）
  3.4.1　蚁害检查 ……………………………………………………（50）
  3.4.2　灭治方法和预防措施 ………………………………………（50）

第 4 章　安全管理 ……………………………………………………………（52）
 4.1　药物和药械管理 …………………………………………………………（52）
 4.2　安全防护知识 ……………………………………………………………（52）
  4.2.1　药物和药械安全使用知识 …………………………………（52）
  4.2.2　个人安全防护知识 …………………………………………（54）
 4.3　药物中毒急救措施 ………………………………………………………（54）
  4.3.1　白蚁防治药物中毒的现场急救处理 ………………………（54）
  4.3.2　不同类型药物的中毒急救处理 ……………………………（55）

第 5 章　附录：相关文件及标准 ……………………………………………（57）
 5.1　《广东省水利厅关于水利工程白蚁防治的管理办法》………………（57）
 5.2　《新建房屋白蚁预防技术规程》………………………………………（75）
 5.3　《建筑物白蚁防治技术规范》…………………………………………（85）

第 6 章　堤坝白蚁防治技术操作示范 ……………………………………（105）
 6.1　堤坝的白蚁防治 …………………………………………………………（105）
  6.1.1　堤坝蚁患检查 ………………………………………………（105）
  6.1.2　堤坝白蚁综合防治（"三环节、八程序"）………………（109）
 6.2　堤坝周边设施的白蚁防治 ………………………………………………（115）
  6.2.1　常用白蚁灭治方法 …………………………………………（115）
  6.2.2　白蚁预防方法 ………………………………………………（117）

参考文献 ………………………………………………………………………（121）

第1章　堤坝白蚁基础知识

1.1　昆虫学基础知识概述

昆虫是节肢动物门（Arthropoda）昆虫纲（Insecta）的简称，它是动物界中种类和数量最多、生物多样性最大的一个类群；其主要特点是种类数量最多、个体数量最大、分布范围最广。迄今为止，已描述的昆虫纲种类有100多万种，占全球已知生物物种一半以上。据估计，现存的昆虫纲种类有600万～1000万，超过地球上动物种类的90%。

昆虫纲分为无翅亚纲和有翅亚纲两大类。

无翅亚纲包括了原尾目、弹尾目、双尾目和缨尾目等4个目。

有翅亚纲包括了昆虫纲绝大多数的种类，其中大部分种类是与人类关系密切的害虫和天敌昆虫。有翅亚纲包括了蜉蝣目、蜻蜓目、蜚蠊目、螳螂目、等翅目、缺翅目、襀翅目、竹节虫目、蛩蠊目、直翅目、纺足目、重舌目、革翅目、同翅目、半翅目、啮虫目、食毛目、虱目、缨翅目、鞘翅目、广翅目、捻翅目、脉翅目、蛇蛉目、长翅目、毛翅目、鳞翅目、双翅目、蚤目、膜翅目等共30个目。

昆虫纲的种类均具有以下的共同特征：①身体分节，由头、胸、腹三部分组成；②头部是感觉和取食的中心，具1对触角和3对口器附肢，以及复眼和单眼；③胸部是运动的中心，分成3节，每个胸节各有1对足，胸部一般有翅2对；④腹部是生殖和代谢的中心，一般由9～11个体节组成，含有生殖系统和大部分的内脏，腹末附肢转化成外生殖器；⑤在个体发育中，幼虫（或若虫）通常需要经过变态过程才能发育为成虫。

昆虫中绝大多数种类为雌雄异体，主要营两性生殖。一些种类在某些情况下可采用其他特殊方式进行生殖，如孤雌生殖、幼体生殖和多胚生殖等。这些特殊的生殖方式是昆虫在长期进化过程中对环境条件变化的适应，其中孤雌生殖就是某些昆虫对恶劣环境的一种有利适应。

昆虫生活史也即生活周期，是指昆虫个体发育的全过程。昆虫在一年中的个体发育过程是期年生活史，包括了昆虫从越冬虫态（卵、幼虫、蛹或成虫）越冬后复苏开始至翌年越冬复苏前的整个过程。不同种类昆虫的生活史差异很大，但绝大多数种类都是从卵孵化开始，生长过程中需经历几次蜕皮。

昆虫从幼虫期（或若虫期）发育到成虫期需要经历一个变态过程，期间，个体体积不断增大，外部形态和组织器官等发生周期性的质的变化，甚至生活习性和栖息环境也截然改变。有翅亚纲昆虫的变态主要有不全变态和全变态两大类。隶属等翅目的白蚁属于不全变态中的渐变态类型，其特点是：幼虫与成虫在形态、习性以及栖息环境等方面均很相似，两者间的区别在于幼虫的翅和生殖器官尚未发育成熟。

昆虫大多数营独立生活，但部分昆虫如蜜蜂、蚂蚁和白蚁等营社会性生活的类群，其群体是由一定数量的不同品级个体组成，群体内分工具体、分明，不同品级的个体承担不同的职能。有些种类昆虫具有聚集在一起生活的习性，称为群集性，如东亚飞蝗。

昆虫在长期演化过程中对食物形成了一定的选择性，即食性。不同种类的昆虫以及同种昆虫处于不同虫态，其食物种类和取食食物的范围差异很大。按食物性质来分，昆虫的食性可分为植食性、肉食性、腐食性和杂食性 4 类；按取食范围来分，昆虫食性可分为单食性、寡食性和多食性 3 类。昆虫多为植食性，占昆虫总数的 40%～50%，大多数农业害虫均属于此类；对人类有益的天敌昆虫则多为肉食性，其中可细分为捕食性和寄生性两类。昆虫的食性一般来说是稳定的，但当受到环境因素的胁迫（例如食料改变或者缺乏正常食物时），昆虫的食性可被迫发生改变和分化。

昆虫因食性和取食方式不同而形成不同类型的取食器官，即口器，其中咀嚼式口器是最原始和最基本的类型，用于取食固体食物。取食液体的口器类型为吸收式口器，是由咀嚼式口器演化而来的。根据液体食物来源的不同，吸收式口器可分为虹吸式、舐吸式、刺吸式、锉吸式和嚼吸式等几种类型，其中，嚼吸式口器还兼具取食固体食物的功能。对于害虫来说，口器类型不同，为害方式也不相同。因此，了解害虫的口器类型可明确其为害方式，有助于选择正确和有效的防治方法。

昆虫与人类的关系是复杂而密切的。昆虫与人类关系的复杂性与昆虫食性的多样化和广泛性息息相关。植食性的昆虫取食植物的汁液、叶片或果实，对植物造成直接的伤害，其中一些种类可通过取食植物的汁液传播植物病害，是植物病害的传播媒介，其造成的间接危害甚至大于其直接危害。这类昆虫对人类的经济利益带来严重危害，对人类是有害的，是农业方面的重要害虫。一些昆虫吸食人类和牲畜的血液，直接侵害人体的同时还将一些疾病传播给人类，对人类健康甚至生命造成严重威胁，是重要的卫生害虫。

许多昆虫对人类还是有益的，是益虫。一些种类的昆虫可为人类带来直接的经济收益，如家蚕和蜜蜂等资源昆虫。授粉昆虫在许多显花植物的生活史中起到举足轻重的作用。一些昆虫是害虫的捕食者或寄生者，是害虫的天敌，在生态上间接有益于人类。

昆虫的生态功能是复杂的，对昆虫"益"与"害"的界定不能一概而论。蝗灾爆发对农业生产造成的经济损失巨大，影响面积甚广；然而，蝗虫可食用、药用、饲用，营养价值非常高。苍蝇可传播人类疾病，但同时也可帮助消除腐肉。白蚁在我国华南地区对建筑物、桥梁、堤坝、电力设施、林木、家具等造成危害之大众所周知，但在自然生态中，白蚁是生物链中重要的分解者，对生态系统的物质循环和能量转化发挥着不可替代的作用。

1.2　白蚁生物学和生态学基础知识

白蚁是昆虫纲等翅目（Isoptera）昆虫的统称，属有翅亚纲渐变态类，是多态型社会性昆虫。体形小至中型，多数呈乳白色或暗色，口器咀嚼式，触角念珠状，有翅成虫具有两对膜质狭长的翅,前后翅几乎相等,形状和脉序相似。

目前,我国已发现的白蚁共4科44属476种,其中广东省分布的有23属72种。我国白蚁种类绝大多数分布于野外,对生态系统物质循环起着重要的作用,对国民生产和人民生活构成直接危害并造成严重经济损失的白蚁种类不及总数的1/20。

在我国造成严重为害的白蚁属主要有5个,分别为乳白蚁属（Coptotermes）、土白蚁属（Odontotermes）、散白蚁属（Reticulitermes）、堆砂白蚁属（Cryptotermes）和大白蚁属 Macrotermes。不同属的白蚁种类因生物学和生态学差异而各有其危害特点。

1.2.1 白蚁的品级分类

白蚁的同种群体可分化为形态和生理机能不同的成虫品级。一个成熟白蚁巢的群体是由多个白蚁品级组成,各品级地位不同,各司其职,密切配合,互相依存,脱离巢群的个体不能独立生存。低等白蚁巢群结构简单,品级少,个体数量少;相反,高等白蚁巢群结构复杂,品级多,个体数量众多。白蚁的群体中的品级分类及其职责见表1-1。

表1-1 白蚁群体中的品级分类及其职能

	品级分类	特　　点	职　　能
生殖蚁	原始蚁王、蚁后（长翅型生殖蚁）	长翅繁殖蚁分飞脱翅配对后形成。每个蚁巢通常仅有一对,有时也存在一王多后、二王多后或多王多后的现象。蚁后体形远比蚁王大,腹部逐年膨大	蚁后专司产卵、繁殖后代,蚁王专职与蚁后交配
	短翅补充蚁王、蚁后（短翅型生殖蚁）	仅在某些白蚁种类中出现,数量不固定,从数十头到上百头不等。一般仅当原始蚁王和蚁后死亡后才出现,但也有原始蚁王、蚁后与补充型蚁王、蚁后在同一巢中共存的情况,此时补充型繁殖蚁无生殖能力	当原始蚁王、蚁后死亡后,替代蚁王和蚁后
	无翅补充蚁王、蚁后（无翅型生殖蚁）	比短翅型生殖蚁更少见,仅在个别白蚁种类中出现	与短翅型生殖蚁的职能相同
非生殖蚁	工　蚁	无生殖能力,在巢群中数量最多。某些白蚁种类的工蚁有大、中、小型之分。低等的木白蚁科中没有工蚁	在巢内担负取食、筑巢、筑路、运卵、吸水、培养真菌、喂哺巢群其他个体以及孵卵等群体内一切事务
	兵　蚁	无生殖能力,也不能直接取食,在群体中的数量因种类、巢群和环境等因素而有变化。某些白蚁种类的兵蚁中有大、中、小型之分。高等白蚁科的某些种类没有兵蚁	担任警卫和战斗的职能,不参与群体内其他工作

台湾乳白蚁生活史（广东省昆虫研究所，1979）见图1-1。

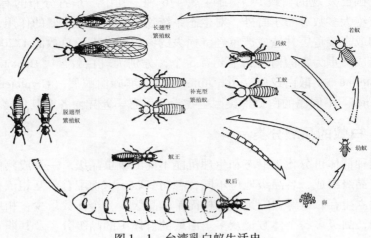

图1-1 台湾乳白蚁生活史

1.2.2 白蚁的形态特征

1.2.2.1 白蚁的外部形态

白蚁为多形态昆虫，不同品级个体的体形差异显著，同一品级个体也可能有两个或以上的不同形态，如大、小工蚁和大、小兵蚁等。

白蚁身体分为头、胸、腹三部分。生殖蚁和工蚁均属于原始型，其外部形态基本保持原始状态，头胸部特征变化不明显，通常都是近圆形或卵圆形，上颚齿列较固定。兵蚁属于蜕变型，头部和前胸背板形状变化大，是重要的分类依据。兵蚁头部有圆形、卵圆形、方形和象鼻形等，上颚形状差异较大，是分类特征之一。

白蚁头部具咀嚼式口器，但仅工蚁是用于取食的，因此工蚁是直接进行为害的主体。

白蚁胸部分节明显，中胸背板与后胸背板连接，但不与前胸背板相连。长翅型成蚁在中、后胸各有一对狭长的膜质翅，前、后翅基本相似；短翅型白蚁的翅外形像发育不全的翅芽。

白蚁各品级个体的腹部外形相似，呈圆筒形或椭圆形，分为10节，雌雄蚁腹部形态差异在末端腹节。

五种常见白蚁种类兵蚁的形态区别见表1-2。

表1-2 五种常见白蚁种类兵蚁的形态区别

白蚁种类	头部特征	前胸背板特征	头部及前胸背板形态图（广东省昆虫研究所，1979）
台湾乳白蚁（家白蚁）*Coptotermes formosanus*	卵圆形，淡黄色，最宽处在中部，上颚镰刀状，囟位于前额中央，近圆形，大而显著。遇敌时泌乳孔可喷出乳白色浆液	扁平，比头狭窄	
黄胸散白蚁 *Reticulitermes flaviceps*	长方形，两侧平行，毛序较多，上唇有侧端毛，囟小，呈点状，前额显著隆起并高出头后水平	扁平，比头狭窄，毛较多	
截头堆砂白蚁 *Cryptotermes domesticus*	近方形，黑色，额部垂直，额坡面与上颚成交角，几乎呈垂直的截面	扁平，与头等宽或宽于头	
黑翅土白蚁 *Odontotermes formosanus*	卵圆形，暗黄色，长大于宽，最宽处位于头部中后段，上颚镰刀状，左上颚中部前方有一明显的小齿	比头狭窄，前半部翘起呈马鞍状	
黄翅大白蚁 *Macrotermes barneyi*	宽卵形，赤黄色，最宽处在中部，前后缘聚合，中间两侧平行。上唇尖端呈透明的三角形	比头狭窄，前半部翘起呈马鞍状	（大兵蚁）（小兵蚁）

1.2.2.2 白蚁与蚂蚁的区别

白蚁与蚂蚁虽同为社会性昆虫，群体内也分多个品级，但它们在分类上有着本质区别，在形态特征和生活习性上也有显著差异（见表1-3）。

表1-3 白蚁与蚂蚁的区别

	白 蚁	蚂 蚁
分 类	隶属等翅目（Isoptera）	隶属膜翅目（Hymenoptera）
外部形态	①体色多为淡白色或灰白色；②有翅成虫前后翅等长，翅长大于体长（指长翅型成虫）；③胸腹相连处几乎等宽，无腰节	①体色为黄色、褐色、黑色或橘红色；②有翅成虫前翅大于后翅；③胸腹之间由明显的细缩成柄状的腰节相连
个体发育	为不完全变态，个体发育无蛹期	为完全变态，个体发育有蛹期
食 性	主要取食木材和含纤维素的物质，能蛀食多种植物性和动物性的材料、无机物和高分子合成材料，大多数种类没有贮存食物的习性	食性广，为肉食性或杂食性，具贮存食物的习性
生活习性	①畏光，活动和取食时有蚁路或泥被作掩护；②雌雄成蚁分飞落到地面后脱翅交配，建立新巢群，雌雄蚁长期生活在一起，经常交配	①不畏光，只有个别种类在外出活动时修筑蚁路；②雌雄成蚁在空中交配，雄蚁在交配后不久即死亡

1.2.3 白蚁的扩散和传播

白蚁的扩散传播一般有分飞、蔓延和带入三个途径。

1. 分飞

发育到一定成熟程度的白蚁巢群在适宜的气候条件下发生分群现象，此时，有翅繁殖蚁飞出集体，分飞配对，各自建立新的巢群。仅少数有翅繁殖蚁能成功配对且存活下来建立新巢，绝大多数繁殖蚁不能配对，很快即死亡。每年4～6月是白蚁分飞繁殖的季节，个别蚁群可能由于种类和环境温度等因素出现分飞提前或延迟情况。白蚁通常一年可进行多次分飞，通过分飞来扩大巢群，维持种群繁荣昌盛。

2. 蔓延

白蚁可从室外通过墙边和台阶的缝隙、混凝土裂缝、砖间灰砂缝等侵入室内，也能从木门框的入地部分由地下侵入室内，有不少白蚁还能从建筑物附近的大树蚁巢入室为害的。

3. 运入

在调运货物和引入苗木时，白蚁可随木料、包装箱、苗木和砂石等从白蚁危害严重的地区运至其他地区或国家为害。某些属的白蚁种类如乳白蚁属、散白蚁属、堆砂白蚁属和木白蚁属等，比较容易通过人为带入而传播。

1.2.4 白蚁的危害

白蚁为害的对象广泛，对房屋建筑、堤坝、农林作物、交通和通讯设施、橡胶塑料、文物资料、布匹织物以及军用物资等均能造成危害。白蚁蛀食的物质很多，主要以木材和纤维性物质为食，几乎能蛀食所有的植物性材料。此外，白蚁还能蛀食：①丝、毛、骨头、贝壳、蜂蜡和皮革等大多数动物性材料；②部分无机物如泥砖、云母片、石膏、石灰和灰沙、玻璃纤维等；③部分高分子合成材料如化纤织品、塑料薄膜、人造革、硅橡胶、聚氨酯泡沫塑料等。此外，白蚁分泌的蚁酸可腐蚀金属。

我国五大主要白蚁属及其南方代表种类的危害特征见表1-4。

表 1-4 我国五大主要白蚁属及其南方代表种类的危害特征

	乳白蚁属 Coptotermes	土白蚁属 Odontotermes	散白蚁属 Reticulitermes	堆砂白蚁属 Cryptotermes	大白蚁属 Macrotermes
危害特征	破坏建筑物最严重，在短期内可造成巨大损失，危害特点是扩散力强，群体大、破坏迅速	主要在室外为害，对树木、堤坝等危害较广，尤其为害堤坝，通常可造成散浸、管漏和跌窝等险情，严重时可酿成塌堤垮坝的重大事故	在我国是破坏建筑物的白蚁种类中分布最广、最难灭治的，一般只在建筑物底层为害，也可通过为害建筑物底层木桩和木柱或通过其上修筑蚁路来为害建筑物上层的地板，蚁路比家白蚁来的细小	在我国南方局部地区可严重破坏建筑物的木结构	同土白蚁属
代表种类	台湾乳白蚁 Coptotermes formosanus	黑翅土白蚁 Odontotermes formosanus	黄胸散白蚁 Reticulitermes flaviceps	截头堆砂白蚁 Cryptotermes domesticus	黄翅大白蚁 Macrotermes barneyi
为害对象	为害对象广，包括房屋建筑、埋地电缆、木材、储藏物资、农林作物和园林绿化等	堤坝、水库、农林作物和树木、房屋地面木结构等	木构件、木家具、室外木桩和竹篱笆以及树木和农作物等	坚硬的木家具和木构件以及林木	堤坝以及农林作物和树木
栖性	土木栖	土栖	土木栖	木栖	土栖
分飞季节	每年 4~6 月潮湿、闷热的傍晚	每年 4~6 月傍晚大雨或暴雨期间或之后时段	每年 2~4 月潮湿、闷热的中午前后时段	每年 3~10 月下午黄昏时分	每年 4~6 月凌晨 2~5 时大雨或暴雨期间或之后时段

续表 1-4

	乳白蚁属 Coptotermes	土白蚁属 Odontotermes	散白蚁属 Reticulitermes	堆砂白蚁属 Cryptotermes	大白蚁属 Macrotermes
蚁巢特点	蚁巢为集中型干层巢，由许多含木质纤维为主的巢片构成，可在地下、地上和地下筑巢，巢外特征、排泄物和分群孔明显。地下的巢一般呈椭圆形，Φ0.2m 至 1m 以上，有的蚁巢因条件限制而呈长方形、片状或不规则形状。树心巢一般修筑在树头地面以下 30cm 左右，由树干伤口侵入形成的蚁巢多数位于树干下部。建筑物内的地上巢多修筑在门窗两旁、木柱与地面或梁与墙的交接处。蚁巢有主、副巢之分，但主巢较大。头大小的点状通气孔，外围泥壳明显，多位于阴暗潮湿和靠近水源处，主巢内有蚁王蚁后，幼蚁和卵	蚁巢修筑于地下，一般深约 2m，有的可深达 2m～3m。主巢底径一般 50cm～60cm，有的可达 1m～2m。巢群由许多土栖白蚁自己制造的菌圃组成。分群孔呈小土堆突起，一般修筑在高于主巢的水平位置上，通风向阳且不易积水的陡坡和高地草丛中。候飞室发达，多数呈扁形条状腔室，长短不等，由蚁道延伸出地面	不修筑大型巢，蚁巢修筑在木材中或近地面处，群体中个体数量较少，生活比较分散	以蛀食形成的通道为巢，巢体结构简单	蚁巢修筑于地下，深 0.2m～1.0m，一般不超过 1m。主巢腔大小一般，底径 50cm～60cm，通常出现向左右或深处转移的现象。大白蚁能自己制造菌圃。分群孔离地面 45cm～60cm。分群孔有回凹形分群孔，分群孔突和形式，候飞室孔堆三种形式，候飞室较发达

1.3 堤坝白蚁主要危害种类及其生物学特征

堤坝白蚁为土栖白蚁种类，主要隶属于白蚁科的大白蚁属和土白蚁属，此外，一些土木栖的种类如台湾乳白蚁也可为害堤坝。黑翅土白蚁和黄翅大白蚁是我国南方常见的广布种，也是为害水利工程的主要白蚁种类。在广东，堤坝白蚁的主要危害种还有海南土白蚁（*O. hainanensis*）、囟土白蚁（*O. fontanellus*）和罗坑大白蚁（*M. luokengensis*）等。其中，罗坑大白蚁最早于广东湛江的罗坑水库发现，目前仅在广东个别地区、香港以及浙江金华等地方有记录。

我国堤坝白蚁主要危害种类及分布见表1-5。

表1-5 我国堤坝白蚁主要危害种类及分布

白蚁种类	分布	危害程度
黑翅土白蚁	陕西、山东、河南、安徽、江苏、湖北、湖南、浙江、四川、贵州、云南、江西、福建、台湾、广东、广西、海南、香港	严重
海南土白蚁	江西、福建、台湾、广东、广西、海南、香港	广东东南部、海南、广西较严重
囟土白蚁	安徽、江苏、云南、江西	较严重
洛阳土白蚁	河南、湖北	较严重
黄翅大白蚁	河南、安徽、江苏、湖北、湖南、浙江、四川、贵州、云南、广东、广西、海南、香港	较严重

广东省堤坝白蚁主要危害种类及其生物学特征见表1-6。

表1-6 广东省堤坝白蚁主要危害种类及其生物学特征（李栋，1989；李桂祥等，1989；陈振耀和姚达长，2011）

	黑翅土白蚁 O. formosanus	黄翅大白蚁 M. barneyi	海南土白蚁 O. hainanensis	罗坑大白蚁 M. luokengensis	台湾乳白蚁 C. formosanus
为害对象及严重程度	主要为害堤坝，其次为害农林作物，是为害水利工程最严重的白蚁种类	主要为害农林作物，其次为害堤坝，对堤坝的危害不太严重	可为害堤坝和农林作物，在局部地区是为害堤坝最严重的白蚁种类	目前仅发现为害堤坝	主要为害建筑物以及园林植物、农林作物等，对堤坝主体危害不严重，但对水利工程设施边缘可造成严重危害
挖空堤坝的土方数量	一般为1m³土，多则可达数立方米土	一般小于1m³土	一般小于1m³土		
工蚁	工蚁一型，大小4.6mm～4.9mm	工蚁有大、小二型，大工蚁6mm～6.5mm，小工蚁4.16mm～4.44mm，大工蚁数量少，约占工蚁总数量1/3	工蚁有大、小二型，大工蚁4.72mm～4.33mm，小工蚁3.9mm～4.0mm	工蚁有大、小二型	工蚁一型，大小4.77mm～5.44mm
兵蚁	体长5.4mm～6.0mm，头部卵圆形，暗黄色，头最宽处在中部以后，后颊略为拱起	兵蚁有大、小二型；大兵蚁10.5mm～11mm，头深黄色，上颚黑色，囟很小，前胸背板前缘翘起呈马鞍状；小兵蚁6.8mm～7.0mm，体色较浅	体长4.4mm～5.0mm，头最宽处在中部，后颊明显拱起	兵蚁有大、小二型；大兵蚁8.5mm～11.0mm，头部褐棕色，上颚黑色，囟极小，前胸背板前部略向上翘起，腹背深褐色；小兵蚁6.3mm～7.4mm，体色较浅，头部棕黄色，腹部及足淡黄色	体长5mm～5.5mm，头部卵圆形，淡黄褐色，上颚黑褐色，囟明显

续表1-6

项目	黑翅土白蚁 O. formosanus	黄翅大白蚁 M. barneyi	海南土白蚁 O. hainanensis	罗坑大白蚁 M. luokengensis	台湾乳白蚁 C. formosanus
有翅繁殖蚁	体和翅均为黑褐色，体长12mm～14mm，翅长24mm～25mm	体为黄褐色，翅为黄色，体长14mm～15.5mm，翅长24mm～26mm	体和翅均为黑褐色，体长12.5mm，翅长21mm	头部和腹部背面黑褐色，体黄色，体长13mm～15mm，翅长22.5mm～23.5mm	体为黄色，翅为浅黄色，体长7mm～8.5mm，翅长22.5mm～23.5mm
成年巢结构	主巢有帽式的大菌圃，菌圃上有圆形或椭圆形小孔，泥骨架和泥皮不发达	主巢只有小菌圃，菌圃上的孔为条形状，泥骨架和泥皮较发达呈蜂窝状	无大型主巢结构，泥皮和泥骨架，仅为一个小空腔室，周壁光滑	与黄翅大白蚁相似	有主、副巢之分；地下巢1个或以上；巢外围有防水的"泥壳"
主巢深度	约2m	一般＜1m，多数为0.7m～0.8m	一般＜1m，多数为0.5m～0.6m	与黄翅大白蚁相似	地下巢较浅，一般0.2m～0.4m
王宫	王宫为特制的泥盒子，表面较光滑	王宫为特制的泥盒子，表面较粗糙	无明显的泥盒状王宫，小土腔既是主巢也是王宫		王宫位于主巢内，泥质，半月形，底部平坦，四周光滑
菌圃	数量较多，少则数十个，多则数百个，分布较分散；菌圃颜色为紫褐色（幼年巢）和黄褐色（成年巢），少数为灰白色，前者质地软而结实，后者特别松散	数量一般不多，分布较集中，菌圃之间有一层薄的泥皮相隔，小蚁道穿过泥皮将菌圃连通起来	一般约20个，分布于主蚁道周围，颜色多为灰白色，质地比黑翅土白蚁的松软		

续表 1-6

	黑翅土白蚁 O. formosanus	黄翅大白蚁 M. barneyi	海南土白蚁 O. hainanensis	罗坑大白蚁 M. luokengensis	台湾乳白蚁 C. formosanus
蚁道系统	主蚁道特别发达，常贯穿堤坝内外坡，导致穿堤管漏险情发生	主蚁道不太发达，一般不会穿通堤坝引起管漏险情发生	无大型主蚁道，支蚁道很细小；主蚁道通常垂直于堤坝中轴线分布，有时可引发管漏险情		
分飞习性	4月上旬至6月中旬，分飞一般出现在傍晚7时左右雷雨中或雷雨后	4月中旬至6月上旬，分飞多发生于黎明5时左右的雨后	5月中旬至6月下旬，分飞多发生在中午雷雨中或大雨过后	6月底深夜至翌日清晨6时	4月下旬至6月中旬，傍晚7至8时闷热降雨时候
分群孔	突出地面，呈小土堆状或窝头状，数量多，大的直径可超过10cm	椭圆形凹陷，常分布于堤坝的斜面上	小而扁，呈条状隆起地面，仅突出地面2cm～3cm；数量较少，3～5个	突出地面，圆锥形	多呈长条状
泥被、泥线	泥被、泥线发达，颗粒中等	泥线较发达，但数量少，颗粒较粗大	泥被、泥线不发达，颗粒非常细小		
蚁巢指示物	活巢：鸡㙡菌、鸡㙡花 死巢：炭棒菌	活巢：难发现指示物 死巢：炭棒菌	无发现		
生物工程法找巢位	人工锥探巢位，利用分群孔图像判断主巢	人工锥探巢位，利用分群孔图像判断主巢	无大主巢，难以发现巢位		

第 2 章 堤坝白蚁防治

2.1 堤坝蚁患识别、检查及安全鉴定

白蚁在堤坝内修筑巨型巢，主巢直径可达数米，周围还分布数十个至上百个副巢（卫星菌圃），主副巢之间由错综复杂的蚁道系统连接，其中不少蚁道贯通堤坝的内外坡，常常造成堤坝散浸、管漏和跌窝等险情，严重的可导致堤坝崩塌。黑翅土白蚁对堤坝的危害极大，一个成年巢一般可在堤坝内挖空 $1m^3$ 土方，多的可达数立方米，其主蚁道特别发达，常穿通堤坝内外坡，造成严重的管漏险情。黄翅大白蚁为害堤坝相对较轻，其主蚁道不发达，一般不贯穿堤坝，挖空堤坝内土方一般不超过 $1m^3$。

2.1.1 蚁患识别特征

白蚁为害堤坝以及白蚁被完全消灭后，通常会在堤坝表面留下一些特殊的迹象，根据这些外露特征指示物可追踪白蚁的活动痕迹或者死蚁巢的位置，为采取下一步措施提供重要依据。泥被和泥线是判断堤坝是否存在蚁患的一个重要依据，堤坝内若有白蚁隐患存在，泥被和泥线一般出现在堤坝的坡面上。另外，分群孔也是判断堤坝白蚁为害的一个重要的外露特征，有分群孔即表明堤坝内有大的白蚁巢群，对堤坝造成的空洞也大，险情发生的可能性也大。堤坝白蚁的特征指示物见表 2-1。

表 2-1 堤坝白蚁的特征指示物

特征指示物	特 点
泥被和泥线	堤坝白蚁离巢外出活动时，工蚁从土中搬出均匀小土粒并混合其唾液制成的薄层泥皮掩体或覆盖于取食物上的泥土，厚约 1mm，片状的为泥被，条状的为泥线，依白蚁种类而有差异。泥被、泥线在秋季比春季出现多，密度大；夏季高温下，早、晚出现的泥被、泥线多；久雨晴后以及在白蚁喜食的植物上出现的泥被、泥线多
分群孔和候飞室	①分群孔：即分飞孔，又称为移殖孔、羽化孔，为成年巢内发育成熟的有翅蚁在分飞期间从巢内爬出地面进行分飞的出口，其形状依白蚁种类而有差异 ②候飞室：又称为待飞室、移殖室，为底平上拱的扁形小空腔，连接着分群孔和主蚁道，为发育成熟的有翅蚁在分飞前暂时栖息的场所
蚁 道	蚁道，又称为蚁路，为白蚁外出觅食和活动或者为连接各菌圃和巢腔的通路，孔道为半月形，底部平而光滑，蚁道口通常有白蚁在活动。小蚁道经过几次扩充后，孔径逐渐扩大，形成主蚁道，底径一般为 2cm～3cm

续表 2-1

特征指示物		特　点
指示菌	鸡㙡菌	生长于土栖白蚁菌圃内，与白蚁共生，是活蚁巢的指示物。菌丝在高温高湿条件下穿过土层，其子实体长出地表，下方为活蚁巢。菌单生或丛生，外形为伞状，伞盖直径大，可达十多厘米，中央突起，表面灰褐色，菌柄肥大坚实，圆柱形或稍扁，白色实心。生长期一般出现在每年5月下旬，6月上旬至7月下旬为盛期，8月上旬至10月中旬为末期。入土深20cm～80cm
	三踏菌	生长于成熟蚁巢的菌圃内，外形与鸡㙡菌相似，但伞盖直径一般不超过10cm，菌柄纤细。同一蚁巢各个菌圃的出菌时间基本一致，对温度要求较高，常见为三群。生长期一般出现于每年7月下旬，8月上、中旬为盛期，8月下旬至9月上旬为末期。入土深20cm～40cm
	鸡㙡花	生长于蚁道上，是蚁道的指示物，顺此蚁道追挖下去不远即可找到主蚁道，继续追挖可找到主巢。群生，每群数朵甚至上百朵，每群下方均有白蚁在活动，有的是从主蚁道上直接长出。伞盖灰白色，直径1cm～2cm，中部尖，菌柄白色细长。生长期一般为每年7～8月。一般在土表层5cm～10cm
	炭棒菌	又名鹿角菌、地炭棍、针形菌等，为衰亡蚁巢或死蚁巢的指示物，呈鹿角状、针状、棒状，丛生，在地表分布面积越大，其地下巢区的范围越广，巢位越深。生长期一般为每年5～10月

2.1.2　蚁害检查方法及要点

堤坝蚁患检查主要是检查堤坝的迎水面和背水面是否有白蚁和白蚁为害的迹象，即查找白蚁的特征指示物或白蚁外露特征，如泥被泥线、分群孔、鸡㙡菌和蚁道等。其他生物也可在土表形成与堤坝白蚁分群孔相似的小土堆或凹陷物，现场检查时需仔细分辨和判断是否为堤坝白蚁的分群孔。铲除地面杂草时如发现白蚁，沿白蚁走向来寻找小蚁道可追踪到主蚁道。堤坝白蚁分群孔分布形状和蚁道形状与主巢位置之间存在一定的规律性，可根据这些特征物来寻找主蚁巢。

检查工作最好选择一个合适的时间来进行，可有助于提高找寻堤坝白蚁的效率。例如，在高温期间，白蚁一般集中在清晨和黄昏时段活动，此时开展检查和灭治工作的效果较好。在高温多雨的6～8月，黑翅土白蚁菌圃上方有鸡㙡菌长出地面，在雨后出土1～2天内比较容易发现，此时沿着菌的假根向地下挖1m左右即可找到白蚁菌圃，然后根据鸡㙡菌的分布范围来判定巢群所处的大致位置。在天气干燥时，白蚁多集中于阴暗潮湿处取食，或者在迎水坡的漂浮物、防汛材料和其他杂物下面取食，可以检查这些地方是否有白蚁活动痕迹。

堤坝白蚁外露特征检查方法见表2-2。

表 2-2 堤坝白蚁外露特征检查方法

特征物	检查方法及要点
泥被和泥线	每年 4～11 月堤坝白蚁地面活动频繁，此时比较容易找到泥被、泥线。最佳查找时间为秋季，秋季比春季出现的泥被、泥线多，密度大。泥被、泥线一般出现在杂草多和阴暗潮湿的地方，阴天小雨时较容易找到；在夏季高温下早晚出现的泥被、泥线多，久雨晴后以及在白蚁喜食的植物上出现的泥被、泥线多。沿泥被、泥线可找到较大的蚁道
分群孔	查找分群孔必须在白蚁分飞季节时进行，每年从 3 月下旬至 6 月下旬，每旬查找 1～2 次，其中 4 月中旬～5 月中旬为分飞高峰期，是寻找分群孔的最佳时间，可适当增加查找次数。形成分群孔的泥土较新鲜，与白蚁唾液粘混一起结成潮湿且均匀细小的颗粒，不易碎；切开土堆现出的分群孔口为底平上拱，而非圆形，未飞出有翅成虫的分群孔不开口，分群后的分群孔多数情况下为外开口内封闭；分群孔挖开后可现出较宽的半圆形候飞室，往下挖 30cm～50cm 可现主蚁道。分群孔一般离主巢 3m～5m，可通过分析白蚁分群孔在堤坝表面的分布图像较快地判断主巢位置，从分群孔密集处开挖如遇到两片状或多片状的分群孔分布图像垂直于堤坝中轴线，应从水平位置最高的一片分群孔图像开挖，其下方可找到主巢
鸡㙡菌	每年 5～8 月雨后为找菌的最佳时间。在林木遮阴的低矮堤坝上，鸡㙡菌多在巢深 <1m 的蚁巢内长出，在高温多雨天可找到，应抓住雨后出菌的时机及时查找
白蚁及其活动痕迹	天气干旱时，翻找迎水坡的漂浮物、干牛粪、腐烂木块、杂草、废纸等杂物和防汛材料下面的白蚁及其活动痕迹
旧分群孔和候飞室	在工程体两端的堤坝头和不平整处的堤坝面查找经风雨侵蚀的残旧的分群孔、候飞室或菌圃腔等，找到后往下追挖可见到白蚁及其主蚁道
有翅蚁	在白蚁分飞时或翌日早晨，查找跌落地面的白蚁翅膀或刚入土的繁殖蚁，据此分析蚁源方位，找寻其巢位
蚁道	在发现泥被和泥线的地方，或者在白蚁取食物杂草枯苑下面，铲去表层查看是否有半月形小蚁道，顺着小蚁道一般可追挖出通往主巢的主蚁道（底径 2cm～3cm）；在堤坝白蚁分飞季节，最好在有翅蚁分飞前，在分群孔密集处或从最大的分群孔处开挖，可找到宽扁的半圆形候飞室，从候飞室下面追挖 30cm～50cm 可现主蚁道

堤坝白蚁分群孔的区分见表 2-3。

表2-3　堤坝白蚁分群孔的区分

种　类		区分特点
黑翅土白蚁分群孔	特征	凸出地面呈扁圆锥状小土堆，底部 Φ2cm～4cm，一般为2～3片，有的数片
	分群孔分布与主巢方位关系	①分群孔多为一片状分布图像，近似一个三角形，亦称常见分群孔分布图像，少见两片或多片分布的；②分群孔密集点到主巢距离1m～5m；③常见分群孔分布图像的主巢方位分布区为一个小范围，主巢一般分布在距离分群孔密集点上方1.7m～4.5m的范围内，个别为5m；④主巢在堤坝坡面的位置到常见分群孔分布图像的密集点与该点向堤坝中轴线作垂线之间的夹角一般在38°以内
黄翅大白蚁分群孔	特征	半月形凹入地面或呈小圆碟状，土粒较粗
	分群孔分布与主巢方位关系	①分群孔分布图像呈一片状时，几何图像为近似三角形和四边形，少数为五边形和六边形等；②分群孔密集点距离主巢一般为1m～4m；③主巢分布方位区在分群孔分布图像上方和图像中的比例大约为4∶3；若主巢位置在分群孔分布图像的上方，分群孔密集点到主巢的距离为1m～4m，若主巢位置在图像中的，此距离为0.7m～1.7m；④主巢分布方位与黑翅土白蚁的大致相同，一般在垂直线左右各40°的扇形面积内，个别主巢的分布方位范围较大
其他生物形成的土堆或凹陷	蚂蚁	形成土堆或凹陷的土比其他生物的更松散
	蚯蚓	形成环形条状的土堆，不粘在一起
	金龟子	形成的土堆颗粒较大，呈分散形

根据堤坝白蚁蚁道的形状和特征判断主巢方位见表2-4。

表2-4　根据堤坝白蚁蚁道的形状和特征判断主巢方位（李桂祥等，1989）

判断依据	判断方法
根据蚁道变化类型（图中为蚁道形状，箭头指示主巢方向）	①主巢方向与分岔方向相反（分岔向下，主巢在上方；分岔向上，主巢在下方） a. 扬岔道　　　　　　　b. 入字道 c. 人字道　　　　　　　d. 个字道

续表 2-4

判断依据	判断方法
根据蚁道变化类型（图中为蚁道形状，箭头指示主巢方向）	②主巢在拐弯呈弧形方向 　　a. 七字道　　　　　　b. 厂字道 　　c. T字道　　　　　　d. 工字道 ③主巢在坝心方向 　　Z字道 ④主巢在岔间较小的方向 　　双岔道 ⑤主巢在角度大的方向 　　环形道 ⑥主巢在螺旋向下的方向 　　螺旋道

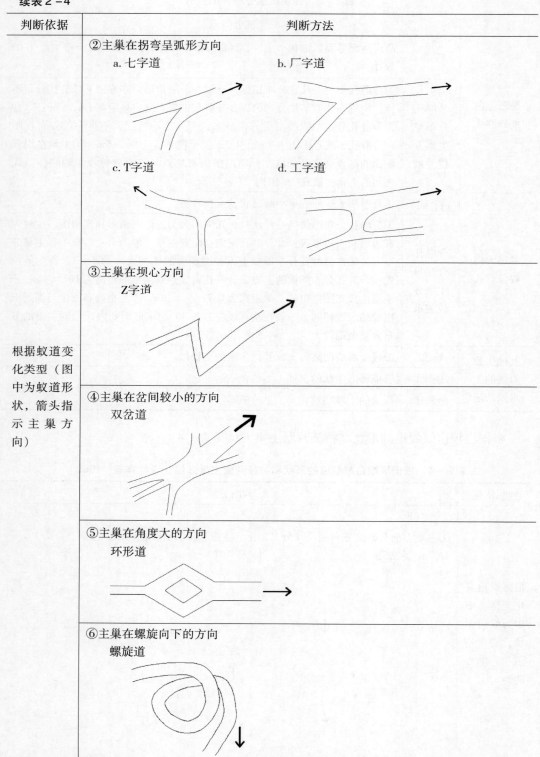

续表 2-4

判断依据	判断方法
根据主蚁道特征	①主蚁道口径由小到大，主巢方向位于口径大的一端 ②主蚁道纵切面上，主巢方向在蚁道高、底径窄且继续往下扎的一端 ③主巢方向位于多条蚁道共同朝向的一端 ④主巢方向位于蚁道内工蚁和兵蚁数量多且活动频繁的一端 ⑤主巢方向位于蚁道内酸腥味较浓的一端 ⑥主巢方向位于蚁道上有工蚁紧急封闭蚁道口或有兵蚁紧守的一端 ⑦追挖蚁道过程中，菌圃数量越多、个体越大、颜色越深，巢内幼蚁越少甚至有蚁卵，表明越接近主巢

2.1.3 探测堤坝蚁害的工具

用传统的人工方法查找蚁害迹象费时费力且效率低，而且往往容易破坏周边环境以及损坏土建建筑，这对存在白蚁隐患的堤坝和水库等水利工程来说，其后果可能更为严重。因此，利用一些现代化的探测工具查找白蚁危害，一方面可减少对环境和物体的破坏，另一方面也可提高查找白蚁隐患效率。

白蚁探测技术是利用了白蚁的生物学和生态学特性、蚁巢结构特征以及蚁巢与周围介质间的物理性质（如导电性、密度、电磁感应等）差异，它多应用于堤坝水库设施，应用探测工具排查白蚁隐患可以实现堤坝无损化。

目前，用于探测白蚁隐患的技术和工具包括有放射性同位素探测仪、微波遥感技术、高密度电阻率勘探技术、地质雷达探测技术、声频探测技术以及气味探测技术等，这些技术的应用大大地提高了探测白蚁的水平。

2.1.3.1 地质雷达探测技术

这是一种利用探地雷达进行地下白蚁隐患探测的方法。探地雷达是一种高频电磁波勘探系统，由主机、收发天线、图像处理显示系统等几部分组成。它通过地面天线以雷达波的形式向地下发射电磁脉冲，当电磁脉冲遇到地下电性不同的界面或目标物时，一部分电磁脉冲被发射回地面被天线接收极接收，接收到的电磁脉冲被送到主机实时处理并显示。在探测白蚁隐患过程中，天线沿地面移动，脉冲信号不断地发射和接收，主机实时显示连续的地下剖面，形成地下目标轮廓形象图，影像数据可输入电脑作进一步分析处理。由于白蚁蚁巢和蚁道与周围土壤介电常数之间存在较大差异，根据电磁波发射原理，在分界面处电磁波将产生反射，这就是利用探地雷达探测白蚁隐患的工作原理。

利用地质雷达探测技术可随时现场查找无象或蚁象隐蔽的隐患，尤其在查找空蚁穴方面具有绝对优势，可以直接探明蚁穴的水平位置、埋深和直径，无须进行追踪开挖，不破坏目标和环境，并且具有快速高效、省时省力及重复性强的特点。

但是，探测目标与周围介质的电性差异可直接影响探测效果，而且雷达探测仪在不同质地土壤的探测范围也不同。例如，有的白蚁蚁巢深达 2m 以上，在沙质土壤中雷达可以探测到，但在粘土中却超出了雷达可探测范围。另外，由于雷达波在介质含水量高时其穿透能力将大幅下降，因此在多雨的天气不适宜使用该技术。

2.1.3.2 高密度电阻率勘探技术

这是多种排列的常规电阻率法与资料自动反演处理相结合的综合方法，是以岩土体导电性差异为基础的电探方法。其基本原理与常规电阻率法相同。该技术的工作原理是，一般某一特定地段的土层可视为均质土壤，其电阻率无明显变化，而当有白蚁蚁巢存在时，这部分土壤存在很多空洞，由于空气通常可视为绝缘介质，因此这部分土壤对地下电场呈现高阻抗性质，排斥电力线，使该处地表部分的电场强度增大，据此可判断该处有否蚁巢或空洞。

使用的工具探测仪由主机、智能电极和电源组成，操作时先根据现场情况，视地形、地表等条件确定测量极距和测线长度，在探测区域内布测线，进行数据采集。高密度电阻法采用的是密集的数据采集方式，可将探测数据结果形象、直观地显示出来，便于分析。只要探测目标体的大小规模与入土深度达到一定程度，使用该技术探测白蚁隐患可获得较好的结果。当巢腔大小与白蚁主巢的入土深比值在 1∶4～1∶3 时，使用高密度电阻法技术更有利于探测白蚁蚁巢。高密度电阻法能完全探测到深达 4m 的蚁巢，但仍需要白蚁防治专业人员的现场调查和经验，才有助于确定靶区，提高勘探效率。

2.1.3.3 声频探测技术

这是一项比较成熟的探测技术。它是通过利用声频传感器来感知声音，并传出电信号，经放大后显示出声频图谱。其原理是，声频传感器可探测到白蚁在取食或活动时发出的微弱声音，可将其放大并转化成电信号或数字信号。声频探测器主要由传感器系统、微处理器和输出设备等构成，当将传感器接触到被传感物体时，被传感物体中白蚁取食发出的声波被传感器接收并传向信号整形器，经过整形后的信号转换成数字信号进入处理器，通过输出设备显示出波形。根据对多个探测点的峰值记录绘制峰值次数与探测点的分布关系图，从发生峰值次数多少及集中程度来确定白蚁分布的位置。

但是，使用声频探测器探测蚁害需要将采集到的声频数据与常见白蚁取食活动发生的音频范围的频率谱图进行比对，才能确定是否白蚁为害。因此，使用该仪器的前提是已有白蚁为害的声频谱图数据库。另外，探测仪不能在振动强烈的环境下工作，否则结果将受到很大的影响。

2.1.3.4 气味探测技术

这是根据探测白蚁的代谢气味来探测白蚁活动区域的一种技术。该技术使用的工具是白蚁蚁巢气体探测仪。其工作原理是：白蚁成年蚁巢内有数十万到数百万的个体，其代谢后产生的 CO_2 在蚁巢内累积，因此巢内 CO_2 浓度很高，通常是空气中 CO_2 浓度的 200～333 倍，利用仪器通过蚁道测量出 CO_2 浓度，即可准确探测出蚁巢所在。这种技术对探测水泥建筑结构内的白蚁隐患非常有效。

2.1.4 蚁害安全鉴定

水利工程竣工并验收后，须每隔 5～8 年进行一次蚁害安全鉴定。

蚁害安全鉴定由以堤坝白蚁防治专业技术人员组成的专家组开展，对水利工程各部位进行全面的检查。检查时间一般为 3～6 月或 9～11 月，大、中型水库白蚁蚁害安全鉴定与大坝安全鉴定同时进行。

堤坝蚁害安全鉴定的检查范围包括对蚁患区和蚁源区的检查：①蚁患区的检查范围包含水库大坝的坝体、堤防的堤身和高填方渠道的挡水堤堤身；②蚁源区的检查范围包含水库大坝的两端及坝脚线以外 50m、堤防的堤脚线以外 30m～50m 和高填方渠道的堤脚线以外 20m 等的区域。蚁患区外围如毗邻山体和树林的，其检查范围应扩大至 100m。

堤坝蚁害安全鉴定主要是检查以下的内容：①水利工程主体是否有湿坡、散浸、漏水、跌窝等现象，并判断是否为白蚁为害所致；②工程主体及周边地区是否有白蚁活动痕迹，并分辨白蚁的种类；③水库大坝迎水面浪渣中是否有白蚁蛀蚀物；④水利工程表面是否有白蚁泥被泥线、分群孔和蚁巢真菌指示物，以及这些白蚁危害特征物的分布密度和数量等。

检查的方法有人工法和引诱法。

（1）人工法。人工法主要是由白蚁防治专业技术人员在工程主体及蚁源区根据白蚁活动时留下的地表迹象和真菌指示物来判断是否有白蚁危害（外露特征法），以及在白蚁经常活动的位置用铁锹或挖锄将白蚁喜食的植物根部翻开，查看是否有白蚁及其活动痕迹（表层翻挖法）。

（2）引诱法。引诱法可采用引诱堆、引诱桩和检测盒。①引诱堆法是将饵料直接放在大坝背水坡和堤防内外坡的表面，用土块或石块压住，平均每 $50m^2$ 坝面设置一处；②引诱桩法是把白蚁喜食的带皮干松木桩的一端削尖，直接插入水利工程土体内，平均每 $50m^2$ 坝面设置一处。③检测盒法是把多种白蚁喜食物装入盒内（20cm×15cm×10cm），盒底部开 4 个白蚁通道进出，将盒埋于地下 10cm～20cm，约三天后检查白蚁取食情况，每 $50m^2$ 坝面放置一盒。另外，还可采用仪器探测法，即使用探地雷达、高密度电阻率法等仪器对白蚁巢穴进行探测。

安全鉴定结果将堤坝工程的白蚁危害程度分为三个类别。

堤坝蚁害程度的判定标准见表 2-5。

表 2-5 堤坝蚁害程度的判定标准

堤坝类别	白蚁危害程度	判定标准
三类堤坝	严重危害	水利工程出现下列情况之一的：①因白蚁危害造成堤坝散浸、牛皮涨、管涌、滑坡等危害水利工程安全的险情；②工程主体坡面上发现众多分群孔，平均每 $200m^2$ 坝面多于 1 处；③主体工程坡面泥线泥被、鸡㙡菌分布比较密集，平均每 $100m^2$ 坝面多于 1 处

续表 2-5

堤坝类别	白蚁危害程度	判定标准
二类堤坝	中轻度危害	水利工程出现下列情况之一的：①工程主体坡面上发现少量分群孔，平均每 2000 m² 坝面多于 1 处；②工程主体坡面上发现泥线泥被、鸡𡎚菌等白蚁活动迹象，平均每 1000 m² 坝面多于 1 处；③主体工程周边 50m 蚁源区 30% 以上存在白蚁危害
一类堤坝	无蚁害	堤坝及其周边 50m 范围已查不到白蚁活动迹象，白蚁防治工作已进入预防为主阶段的堤坝，主要对堤坝周边 200m 范围内蚁源区采取诱杀措施

根据安全鉴定结论，对被鉴定为二类和三类的堤坝须按规定进行白蚁防治。

堤坝蚁害安全鉴定的具体要求和细节详见第 5 章 5.1《广东省水利厅关于水利工程白蚁防治的管理办法》。

2.2 堤坝蚁害灭治

2.2.1 灭治方法

我国过去对堤坝白蚁防治采取多种的灭治措施，如烟熏、毒土、药灌、挖巢、灯诱等。毒土灭蚁时的化学药剂可能渗入水中，造成水质和环境污染；挖巢容易破坏堤坝主体结构。目前，广东省水利部门已明文禁止在堤坝白蚁防治中使用毒土灭蚁和挖巢捉蚁。另外，在白蚁分飞季节，也严禁在堤坝主体工程使用灯光诱杀白蚁。

经过多年的实践经验积累以及对堤坝白蚁认识的不断深化，目前认为采取诱杀法灭治堤坝白蚁是最为安全且效果理想的，而且操作简便，容易推广应用。在广东省，目前堤坝白蚁灭治普遍采用诱杀法，主要有见蚁投饵法和引杀结合法两种。

（1）见蚁投饵法。该法包括了对分群孔投饵、对泥被泥线投饵、对鸡𡎚菌投饵等方法。见蚁投饵法的具体操作见表 2-6。

表 2-6 见蚁投饵法的具体操作

类 型	具体操作
对分群孔投饵	在分群孔密集中心点周围选出孔穴大且蚁量多的分群孔 3～5 个，铲走孔口泥块，若孔中有蚁时将药饵缓缓推入，然后按原形覆盖，无须封实。对分群孔和候飞室投饵须有蚁才能放饵，若分群孔被封，则须挖至有白蚁活动处才投饵，对旧分群孔和候飞室投饵也是如此，一般需挖 30cm～70cm 深。若埋设 ASP 诱杀片，只需在分群孔密集中心点埋 1 块。此方法可杀灭成年巢，但无法杀灭幼龄巢白蚁，而且对海南土白蚁效果较差

续表 2-6

类　型	具　体　操　作
对泥被、泥线投饵	在标记好的密集中心点（见表 2-15）处，将 3～5 条诱饵分别置于新鲜潮湿且有蚁活动的泥被、泥线前缘，切勿惊动白蚁正常活动，用树皮、杂草或湿废纸轻轻覆盖以遮光防干扰。投饵时间宜在白蚁取食活动盛期进行，如气温高时应选在早晚进行，气温低时宜在中午。此法不受季节限制，以 10 d 为一周期，下一次投饵与上一次效果检查可同时进行，如未发现白蚁取食药饵应及时补药或更换投饵点。该法对海南土白蚁效果较差
对喜食物、引诱片（堆）和覆盖物投饵	小心翻开物料，见有白蚁时立即将药饵放在物料间隙白蚁数量多的地方，然后恢复原状任蚁取食
对鸡㙡菌投饵	在鸡㙡菌出菌点锥孔，至掉锥时拔锥，向孔内投药饵 3～5 条，孔口加封盖，任蚁取食。对海南土白蚁采用对菌圃投饵，效果最理想

（2）引杀结合法。该法分为先引后杀和引杀结合两种。引杀结合法的具体操作见表 2-7。

表 2-7　引杀结合法的具体操作

类　型	具　体　操　作
先引后杀	未能找到白蚁活动迹象时，以 7m×7m 或 5m×5m 规格埋设白蚁喜食物，引到白蚁后再投饵灭杀
引杀结合	在蚁害较严重、环境较复杂的地方，可以 7m×7m 或 5m×5m 规格埋设诱杀片进行诱杀

2.2.2　常用药物

白蚁防治药物一般分为灭杀用药和预防用药两大类。

（1）灭杀用药是以灭杀为目的，药物必须对白蚁无明显驱避作用且适口性好，可使其慢性中毒，一般要求缓效且持效期适中，这样即可通过白蚁个体将药物在整个巢间传递，从而达到理想的灭巢效果，同时又能降低药物对环境的破坏。

（2）预防用药以预防为目的，药物必须是能对白蚁具有较强驱避作用的，而且持效期长，这样才可达到预防白蚁的效果。

不同白蚁种类应使用不同的防治药物或不同剂型的药物才能达到理想的防效，因此需要根据防治目的（灭杀或预防）来选择药物及其剂型以及相应的施药方法，同时也应根据防治对象（白蚁种类）以及现场具体情况来选择药物以及相应的防治措施。

白蚁防治药物应使用农药登记中防治对象包含白蚁的药物，药物必须符合《中华人民共和国农药管理条例》中的有关规定，且需经专业检测机构检验合格后方可使用，使用量也应符合农药登记规定的用量。

随着我国签署的《关于持久性有机污染物的斯德哥尔摩公约》的逐步实施，许多被证实对环境有极大影响的白蚁防治药物，如砷制剂以及氯丹和灭蚁灵等有机氯制剂等长效难降解的药物已相继被禁用，取而代之的是一些对人畜和环境相对安全的、较易降解的药物，这些药物的持效期和降解期相对较短，对环境的影响和破坏相对较小。

值得注意的是，溴甲烷（即甲基溴）是一种高效、穿透性强的熏蒸剂，迄今为止尚未有病虫害抗药性的报道，曾被世界各国广泛应用，但由于其可消耗大气臭氧层，对地球环境造成破坏，国际上已逐步淘汰使用。我国为履行《关于消耗臭氧层物质的蒙特利尔议定书》，已从 2015 年 1 月 1 日起全面禁止溴甲烷在农业、烟草和粮食熏蒸上使用。

另外，毒死蜱是有机氯等高毒农药相继被禁用后在国内用于替代氯丹和灭蚁灵的白蚁防治药物之一，目前我国大多数城市仍在继续使用。但由于毒死蜱对哺乳动物尤其是人类具有较高的毒性，对婴幼儿的神经系统和肝脏代谢系统有严重危害，美国已于 2004 年年底全面停止使用毒死蜱在新建住宅和建筑物中作为杀白蚁药剂。目前毒死蜱在我国的用量已逐年下降，在未来将可能被禁用。

我国目前常用的白蚁防治药物见表 2-8。

表 2-8　我国目前常用的白蚁防治药物

药物的用途	药　　物
用于灭治	毒死蜱、氟虫腈、氟虫胺、吡虫啉、噻虫嗪、虫螨腈
用于预防	毒死蜱、联苯菊酯、氰戊菊酯、氟氯氰菊酯、氯菊酯+辛硫磷、氯菊酯、氯氰菊酯、吡虫啉、虫螨腈、仲丁威、硅白灵、伊维菌素、硼酸、硼酸盐
用于毒饵	氟铃脲、多氟脲、氟啶脲、杀铃脲、氟虫胺、氟虫腈、吡虫啉、阿维菌素、茚虫威、伏蚁腙
用于熏蒸	溴甲烷、硫酰氟、磷化铝、氯化苦、碘甲烷

堤坝白蚁防治使用的药物必须是低毒的，对人畜和环境安全，药物化学性质应安全稳定，对白蚁高效且无触杀和驱避作用，可通过白蚁的个体行为习性而在群体间相互传递，同时药物必须符合低毒环保、不污染环境和水源的原则。使用药物时，药物的用量应根据蚁害严重程度而定，不得滥用药物，以免污染环境。同时，应根据采用的灭杀白蚁方法来选择相应的药物和剂型。目前，灭杀堤坝白蚁的方法一般为见蚁投饵或引杀结合法，因此堤坝白蚁防治多使用饵剂，常用的饵剂有纸卷状、粒状、粉状、块状、包状、条状、棒状、D 型状等，通常为药饵条（片）或药饵包。此外，灭杀台湾乳白蚁还可以使用粉剂辅助。

堤坝白蚁防治常用的药饵条（片）的类型和用量见表 2-9。

表 2-9　堤坝白蚁防治常用的药饵条（片）的类型和用量

药饵条（片）类型	用量	防治对象
DB（堤坝）型	平均 4 条/巢，大白蚁属种类 5 条/巢	灭杀黑翅土白蚁效果最佳，也可用于灭杀海南土白蚁、黄翅大白蚁、罗坑大白蚁和台湾乳白蚁
DBH 型	平均 5 条/巢，土白蚁属种类和台湾乳白蚁 4 条/巢	灭杀黄翅大白蚁效果最佳，对黑翅土白蚁和台湾乳白蚁也有明显效果
FW（房屋）型	平均 4 条/巢，大白蚁属种类 5 条/巢	以灭杀乳白蚁和散白蚁为主，对黑翅土白蚁和黄翅大白蚁也有效
ASP（桉树皮）型	1 片/巢	诱杀土白蚁属和大白蚁属种类效果最理想

2.3　灌浆技术在堤坝白蚁防治中的应用

堤坝白蚁被灭治后，其在堤坝主体内留下了巨大的主巢腔、星罗棋布的副巢（菌圃）腔以及纵横交错的蚁道系统，这些蚁巢系统和蚁道系统留下的空腔和隧道如不及时充填，将为堤坝埋下严重的安全隐患。因此，为确保堤坝安全，必须在灭白蚁后对蚁巢以及与之相连通的蚁道进行充填灌浆处理，而且必须严格执行"先灭蚁后灌浆，灭蚁后必须灌浆"的原则。

堤坝灭蚁后的灌浆处理是堤坝白蚁防治"三环节、八程序"中的"灌"环节，与堤坝加固的常规灌浆不同，应分别进行处理，而且也不应在常规灌浆中加入白蚁防治药物，这往往不能彻底杀灭白蚁，也不能有效充填蚁巢和蚁道系统。堤坝灭蚁后对巢穴系统采取灌浆处理，经抽查解剖，充填度应达到 95% 以上。

"灌"环节包含了"找、标、灌"三个程序。在灌浆程序实施前必须完成"找"和"标"程序的工作，即在灌浆处理前应先查找并标记好死巢指示物（广东常见为炭棒菌）的出菌点位置，以判断死巢位置，如投饵后不出菌而无法找到死巢指示物，则可根据分群孔来定位标记。

灌浆处理前的查找和标记程序见表 2-10。

表2-10　灌浆处理前的查找和标记程序（戴自荣和陈振耀，2002；陈振耀和姚达长，2011）

程序		具 体 操 作
找	查找死巢指示菌	可在投饵后20d开始检查，每10d查一次。出菌时间以及菌的数量和粗细与温湿度和巢的大小深浅有关，天旱高温时可人工洒水以加速炭棒菌生长，一般在70d内多数会出菌。炭棒菌的密集中心点（M）为死巢位置。可根据下图标示的方法，先半圆内后半圆外找菌 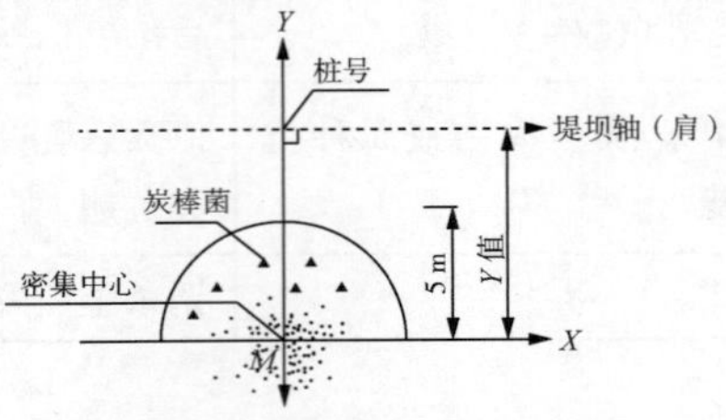 找菌相对范围示意图（仿姚达长）
	投饵后不出菌	可对分群孔定出密集中心点（O），用坐标法作分群孔巢区方位分析来判断死巢位置（见下图） 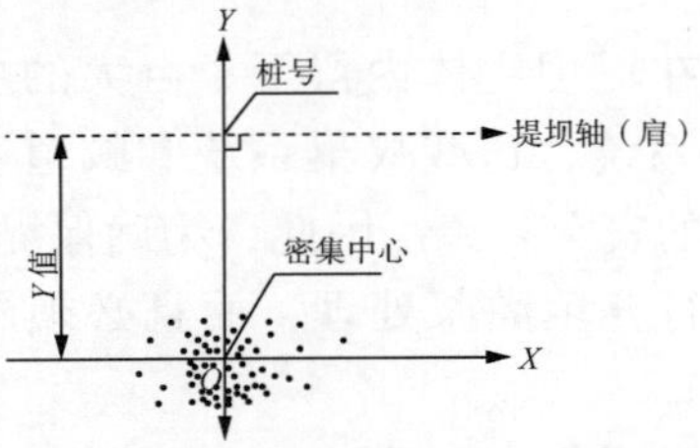 堤坝白蚁外露特征（分群孔）位置标记（仿姚达长）
标	标记死巢出菌点	炭棒菌的密集中心点（M）为主巢位置，应对M点做好标记，并测量出M点与堤坝轴（肩）的距离Y值及其对应桩号，作为造孔灌浆的依据 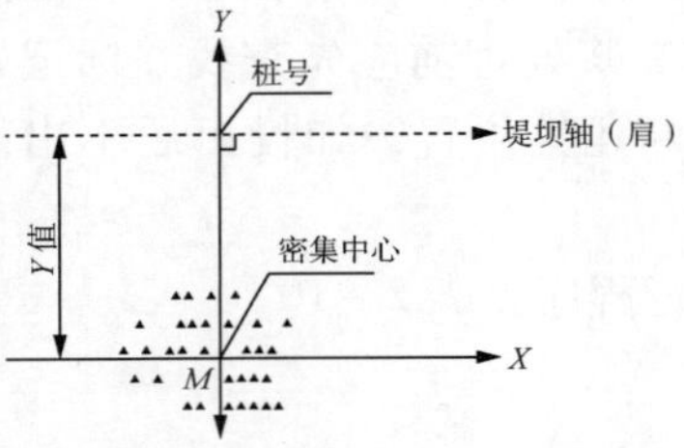 炭棒菌标记法（仿姚达长）
	对分群孔投饵不出菌	按巢区方位法造孔的图示探测分析蚁巢的方位，并作标记（见表2-11）
	对泥被和泥线投饵，取食后未能找到菌	以取食点标记的位置作为浅灌密灌的依据

目前，堤坝灭蚁后的灌浆处理采取的是对巢灌浆，即对死亡蚁巢腔造孔，用轻便型灌浆机进行充填式灌浆，同时应根据现场找巢（菌）情况而采用相应的施灌方法。

不同情况下采用的灌浆处理方法见表2-11。

表2-11　不同情况下采用的灌浆处理方法（陈振耀和姚达长，2011）

现场找巢（菌）情况	灌浆处理方法	具体操作	
		施灌方法	造孔方法
现场可找到死巢指示物炭棒菌	对巢（菌）施灌法	对死巢指示物密集中心M点首造1孔，有中巢掉锥感时由浆液自动流入，至流不入时用小型低压灌浆机加压。完成后，以M点为圆心、2.5m为半径，在上半圆的圆周均匀造3孔施灌，使主巢外围的菌圃腔和蚁道也能充填浆液。该法孔深至巢位深度	对巢（菌）施灌法造孔（仿姚达长）
对分群孔投饵未能找到炭棒菌	蚁道法	从分群孔主蚁道灌浆，当挖到宽1.5cm以上的蚁道时，用由大渐变小的锥管（基端长50cm，粗1cm）插入蚁道口，接口处用粘土封住，然后施灌	
	巢区方位法	以分群孔中心点O点为圆心造1孔，然后以5m为半径画圆，在上半圆内部造孔4~7个，对孔施灌	巢区方位法造孔（仿姚达长）
	分群孔上位法	在分群孔密集中心点O点上方约2.5m处造孔，先试灌，如不理想可微移动再试灌，直至可灌进$0.5m^3$浆量为止	

续表 2-11

现场找巢 （菌）情况	灌浆处理方法	具体操作	
		施灌方法	造孔方法
对非分群孔投饵有蚁取食，但未找到炭棒菌，死巢位置无法确定	浅灌密灌法（历年来已灭蚁但无巢位记录的未灌浆坝段应分析蚁情后进行重点浅灌密灌，工程体蚁害普遍且缺少历史治蚁资料的采用普遍浅灌密灌）	在一定范围内，采用孔深和孔距均为 1.5m～2m 的灌浆方法，按 2m×2m 梅花状布孔，孔深 2m～2.5m，可根据工程历年加固及堤坝体土质结构情况适当加深造孔深度	

造孔技术和灌浆技术是灌浆程序中的重要工艺技术。准确造孔是灌浆的关键，浆液质量和灌浆量等可直接影响灌浆效果。灌浆程序一般在找到炭棒菌后 1～2 个月内进行，除非发生漏水险情须立即采取灌浆处理外，灌浆时间原则上应避开雨季汛期。冬季和枯水期灌浆效果最好。浅灌密灌应选在枯水期或低水位时进行。

堤坝灭蚁后灌浆处理的造孔技术见表 2-12。

表 2-12 堤坝灭蚁后灌浆处理的造孔技术（陈振耀和姚达长，2011）

造孔技术		具体操作
人工造孔（适用于对巢灌浆和重点浅灌密灌）		可锥探造孔或锤击造孔，用 Φ22mm 圆钢焊接 Φ25mm 锥头，锥杆长约 3m（锥探）或 1.5m 和 2.5m 各 1 支（锤击），造孔前用钢钎在选好的孔位上打碎表层硬土并先造一个约 15cm 深的浅孔，手持锥杆锥孔或用大锤锤击造孔至有掉锥感，确定中巢后再加深 15cm，如浅灌密灌则锥至设计好的深度
机械造孔（适用于普遍浅灌密灌）	机钻	用机动凿岩机造孔。钻头 Φ25mm，由短至长更换钻头逐步达到孔深要求
	风钻	用风钻机钻孔。钻头与机动凿岩机相同，钻孔方法同机动凿岩机
	电钻	用大功率冲击钻钻孔。钻头与机动凿岩机相同，钻孔方法同机动凿岩机
水压造孔（不能用于透水性差的黏土堤坝和对巢灌浆）		利用水压冲击造孔。水泵出水口 1.25 英寸～1.5 英寸、扬程 60m 以上，造孔水压约 6kg，将进浆管连接输水管造孔，达到灌孔深度要求后进浆管应留在孔中，所有灌孔造好后，需等 7d～10d，待造孔水分释出后才能灌浆

堤坝灭蚁后灌浆处理的灌浆技术见表 2-13。

表 2-13　堤坝灭蚁后灌浆处理的灌浆技术（陈振耀和姚达长，2011）

灌浆技术		具体要求
浆液材料和浓度	制浆材料	制浆用的主要材料为黏土浆，也可就近取料，不应掺入水泥、玻璃等外加剂，也不能加灭蚁药物以免污染水源，在特殊情况下可添加促凝剂以加速浆液凝固
	浆液浓度	浆液水土比一般为 0.8:1～3:1，黏度约为 30s，比重为 1.3～1.6。初始灌浆时可先灌清水或稀浆以冲通巢道系统，灌中巢体时浆液浓些，反之则稀些。灌浆原则是先稀后浓、先灌成后灌好
施灌压力		灌浆压力不宜过大，一般为 $0.3\ kg/cm^2$～$0.4\ kg/cm^2$，终灌压力不低于 $0.5\ kg/cm^2$
灌浆量	对巢灌浆	成年巢灌浆量折土约 $0.5\ cm^3$
	浅灌密灌	在灌浆机工作压力不击穿堤坝土表而冒浆的情况下，每孔灌浆时间不少于 10 min
复灌和终灌	终灌标准	孔口出现冒浆、堵塞压实封闭不止，终止灌浆，待脱水后复灌
	复灌	2～3 次，间隔时间约为 48h
灌浆时间		一般在找到炭棒菌后 1～2 个月内

复灌后，待泥浆沉实后用碎土回填，封住孔口，灌浆程序结束。经过经验证明，每巢平均灌进粘土约 $0.5m^3$，基本可填满巢腔。

堤坝上靠近反滤体的蚁巢不适宜采取灌浆处理，可在反滤体的上缘开槽导浆，灌满后回填夯实。堤坝下部不应实施浅灌密灌以免堵塞反滤体。浅灌密灌施工过程中，如坝面铺设了六角块或块石，应将布孔处的六角块或块石揭去后施灌，而不能在缝隙间布孔施灌。

2.4　堤坝白蚁防治工程验收

堤坝白蚁防治工程验收分为单项白蚁防治工程验收和无蚁害堤坝工程验收。单项堤坝白蚁防治工程合同期不少于一年。无蚁害堤坝工程建设是指对有蚁害水利工程按规定执行运行期水利工程白蚁防治技术措施，有效防治达两年及以上的堤坝白蚁防治工程。堤坝白蚁防治工程验收时间宜选在每年 9～11 月进行。

堤坝白蚁防治工程验收工作由水利工程业主单位按有关规定组织专家进行验收，单项白蚁防治工程的验收标准须达到白蚁防治施工合同规定的标准。无蚁害堤坝工程验收标准见表 2-14。

表 2-14　无蚁害堤坝工程验收标准

项　目	要　求
无蚁害堤坝	指堤坝及其周边 50m 范围，已查不到白蚁活动迹象，白蚁防治工作已进入预防（诱杀堤坝周边 200m 范围内蚁源区）为主阶段的堤坝
蚁　情	按省级规定执行灭蚁措施并对巢灌浆后，在堤坝体及其周边 50m 范围内多次查找都无白蚁活动迹象，其依据之一为在白蚁频繁活动季节，土工建筑物表面每 50m² 设置引诱物一处，每隔一周（以温湿天气为准，干旱天气需人工洒水）检查一次，连续 3 次以上查找都无白蚁取食迹象，以及依据二为在近堤坝 50m 内的蚁源区找不到成年巢分群孔，在 2000m² 堤坝蚁源区发现泥被、泥线等白蚁活动迹象不超过 1 处
死巢系统灌浆充填	灭蚁后坝体内的巢穴系统已进行充填灌浆处理，经抽查解剖检查充填度达 95% 以上；对蚁害严重、蚁巢密度大、巢位充填灌浆无把握的堤坝段实施浅灌密灌（孔距、孔深为 1m～2m）轮番充填灌浆 3 次以上，经抽查充填度达 95% 以上；对历史上经灭蚁但后期处理不完善的蚁巢洞穴已妥善补填复灌
无蚁害蚁患影响	在挡水位超过正常水位或工程加固灌浆时，无因蚁患造成漏水、漏浆等现象

无蚁害堤坝工程达标验收后应坚持对蚁源区自近至远进行诱杀白蚁，防止水利工程坝体出现幼龄巢。

堤坝白蚁防治工程验收的具体要求详见第 5 章 5.1《广东省水利厅关于水利工程白蚁防治的管理办法》。

2.5　堤坝白蚁综合防治策略："三环节、八程序"

白蚁危害是造成我国尤其是南方各省堤坝隐患和崩决的重要原因。堤坝白蚁防治是一项长期性的工作，在消除蚁患后仍须继续进行长期的监测和预防，要长期对堤坝周边 200m 范围内蚁源区采取诱杀和预防措施，才能保障堤坝安全无蚁患。

广东省水利部门及白蚁防治专家经过长期的实践探索，从实践经验中总结出一套具有水利工程特色的、以白蚁生物学和生态学为中心的、系统综合地探查和防治堤坝白蚁的技术措施——"三环节、八程序"，即通过"杀、灌、防"三环节中的"找（引）、标、杀；找、标、灌；找、杀（防）"八个程序，将灭蚁、灌浆固堤和预防蚁害有机地整合起来，形成了既灭治蚁害又保护堤坝安全的堤坝白蚁综合治理策略。"三环节、八程序"从以治为主到防治结合，最后进入以防为主，并且采用"以引代找，先引后杀或引杀结合"的系统防治措施。"三环节、八程序"，具有丰富的科学性、逻辑性、层次性，可操作性强。

2.5.1 "三环节、八程序"之"杀"环节

"杀"环节即灭蚁环节,包含了"找(引)、标、杀"三个程序,即查找蚁害外露特征、标记白蚁活动中心点和灭杀白蚁。应根据堤坝白蚁的生活习性和活动规律定期认真寻找堤坝上的白蚁,通过查看白蚁活动以及白蚁外露特征,清楚掌握堤坝的蚁患状况,为投饵灭蚁提供依据。同时,"找"程序应被列入水利常规检查项目中,并应结合每年防汛安全检查同时进行。

"三环节、八程序"之"杀"环节见表 2-15。

表 2-15 "三环节、八程序"之"杀"环节
(戴自荣和陈振耀,2002;陈振耀和姚达长,2011)

程 序		具 体 操 作
找或引	找	查找白蚁以及白蚁为害迹象即白蚁外露特征。详见第 2 章 2.1.1 蚁患识别特征和 2.1.2 蚁害检查方法及要点
	引	使用引诱堆、引诱桩或检测盒等,用引诱法"以引代找",平均每 $50m^2$ 坝面设置一处,可用小叶桉树皮、樟树皮、甘蔗渣、木屑、包装纸皮、枯枝落叶、库面漂浮物、干牛粪等白蚁喜食材料混合成引诱用饵料。①引诱堆:将饵料直接放在大坝背水坡、堤坝内外坡的表面,用土块或石块压住。②引诱桩:将白蚁喜食的带皮的干松木桩一端削尖,直接插入工程体土内。③检测盒:将白蚁喜食的多种材料混合装入 20cm×15cm×10cm 的盒内,盒底开 4 个白蚁通道,将盒子埋于地下 10cm~20cm 深处,3d 后检查白蚁取食情况
标		标记白蚁活动或白蚁外露特征的位置,为下一步投饵灭杀白蚁确定位置,可利用坐标法(如下图)对白蚁外露特征作标记,其密集中心点 O 作为投饵处。对分群孔定出密集中心(投饵)点,用坐标法贴坡面量出 O 点与堤坝轴距离 Y 值以及 O 点对应的桩号;对泥被泥线,以 5m~10m 堤坝长或 $50m^2$ 方格内出现的泥被泥线视为一巢,其密集处或白蚁较多处作为中心(投饵)点,即 O 点,量出其对应桩号及其至轴线的 Y 值;对鸡枞菌以及其他方法找到白蚁处,均依照下图方法,标记其密集中心点 堤坝白蚁外露特征位置标记(仿姚达长)
杀		通过投放药饵对白蚁实施巢外诱杀。详见第 2 章 2.2.1 灭治方法

2.5.2 "三环节、八程序"之"灌"环节

"灌"环节即灌浆环节,包含了"找、标、灌"三个程序,即找出死巢指示物的位

置、标记死巢指示物密集中心点和对巢造孔灌浆充填死巢系统。本环节中的"找"程序与上一环节不同，此处找的是死巢指示物以供造孔对巢灌浆，"标"程序也与上一环节有所差异。本环节各程序的具体操作可详见第 2 章 2.3 灌浆技术在堤坝白蚁防治中的应用。

2.5.3 "三环节、八程序"之"防"环节

"防"环节即预防环节，包含了"找、杀（防）"两个程序，即查找（或引）工程体周边蚁源区范围内的蚁源以及灭杀白蚁以防止新蚁患发生。本环节是在彻底清除蚁害并经验收达标后进入的周期性工作，是一项须长期坚持执行的预防措施，重点可在每年 3～6 月和 9～11 月开展对堤坝周边 200m 范围内蚁源区由近至远的诱杀工作，防止新蚁巢产生。

"三环节、八程序"之"防"环节见表 2-16。

表 2-16 "三环节、八程序"之"防"环节
（戴自荣和陈振耀，2002；陈振耀和姚达长，2011）

程　序	具体操作
找	与"杀"环节中的"找"程序相同，但找到白蚁外露特征后无须作标记
杀（或防）	在找到的蚁患处重点投放药饵或埋设诱杀片进行灭杀，灭蚁后不需对巢灌浆。可采用以下的方法：①在蚁源区一定范围内，尤其是 50m 范围内，在查找白蚁外露特征的同时见蚁投饵或埋设 ASP 诱杀片；②自近而远地每年加大数十米至 100m 见蚁投饵，或者普遍地按一定规格埋设 ASP 诱杀片；③在条件许可情况下设置"防蚁便道"，即 5m～8m 距离沿等高线开设宽 80cm 小道，在小道两侧埋设两行间距为 5m～7m 梅花形的 ASP 诱杀片，约每隔 10d 检查，若无蚁取食可移动后复用

在进入"防"环节还须采取一些预防措施以杜绝蚁患产生，预防措施包括以下几方面：

（1）新建或加固培厚的堤坝工程草皮护坡应选用不易长高的优良草种如蜈蚣草，堤坝草皮护坡应勤加养护和修剪，及时拔除杂草、杂树，草皮护坡草长不得高于 15cm。

（2）在主体工程适合种植树木和植物的地方，栽种对白蚁具有驱避作用的林木和植物，在较大面积栽种树木时，应尽量营造混交林，特别是种植有白蚁喜食的林木时，应相应种植对白蚁有驱避作用的林木。

（3）除特殊情况外，每年 3～6 月白蚁分飞季节时不得在主体工程上开灯、用光。

（4）保护和利用白蚁天敌如蟾蜍、蛙类、蜘蛛、蝙蝠和鸟类。

（5）不得在主体工程上堆放木材和柴草，及时清除主体工程和蚁源区内的白蚁喜食物料。

第3章 堤坝周边设施的白蚁防治

3.1 几种常用的白蚁灭治方法

在白蚁防治工作中检查蚁害和实施灭治措施常用的工具有喷粉器、螺丝刀和手电筒，此外，有时还需要使用铁锤、木钻、手锯和凿子等辅助工具。

检查和灭杀白蚁的常用工具及其使用方法见表3-1。

表3-1 检查和灭杀白蚁的常用工具及其使用方法

工 具	用 途	使用方法
喷粉器	喷施灭蚁药粉的工具，由喷粉球、喷嘴和喷管三部分组成，喷管两端分别连接喷嘴和喷粉球	①施工前应检查喷粉器各部分连接是否紧密，如漏气应更换；②从喷管口拔出喷粉球，将药粉放入球内，药量不超过球容积2/3为宜；③施药时，将喷嘴对准蚁巢或蚁路，喷嘴朝上，按压球体使药粉喷出，应尽量使药粉喷在白蚁身上，一般每巢用药5g～10g
螺丝刀	用于检查蚁害和灭蚁效果，以及灭蚁时用于辅助施药。螺丝刀不宜过于粗大，应选用优质坚硬的钢质材料	①检查蚁害时，用螺丝刀敲击辨音、打洞和撬开木材或蚁路以探查白蚁活动情况；②辅助施药时，用螺丝刀在蚁巢处打孔或揭开白蚁隧道或蚁路，一般在近蚁巢中心部位处用螺丝刀呈"品"字形打3洞，如遇杉头巢和墙心巢时，在杉木或墙体的两侧打洞；③检查灭蚁效果时，用螺丝刀直接插入蚁巢中探测主巢是否已死亡，如主巢已死，螺丝刀上可嗅到臭味
手电筒	查看蚁路、寻找蚁巢以及施药时用于照明，射程长、光线强的手电筒较适宜	
铁锤	用于敲击辨音以及挖掘蚁巢	
木钻	用于钻探树中的蚁巢	
手锯	用于锯断木构件等	
凿子	用于挖掘蚁巢	

几种常见的白蚁灭治方法见表3-2。

表3-2　几种常见的白蚁灭治方法

白蚁种类	为害对象	灭治方法
台湾乳白蚁	为害对象广，包括房屋建筑、埋地电缆、木材、储藏物资、农林作物、绿化树木等	喷粉法、诱杀法、埋设诱杀坑法、挖巢法
黑翅土白蚁	堤坝水库、农林作物和树木、房屋地面木结构等	诱杀法、毒饵灭治法、埋设诱杀坑法、喷粉法
黄胸散白蚁	木构件、木家具、室外木桩和竹篱笆、农林作物和树木等	喷粉法、诱杀法、埋设诱杀坑法、毒饵灭治法
截头堆砂白蚁	坚硬的木家具、木构件、林木等	熏蒸法、高温灭蚁法、水浸法
黄翅大白蚁	堤坝水库、农林作物和树木	诱杀法、毒饵灭治法、埋设诱杀坑法、喷粉法

3.1.1　喷粉法

检查蚁害时如发现有较多白蚁为害，可在白蚁的主副巢、分群孔、蚁路和白蚁为害的物件上用喷粉器直接喷施灭白蚁药粉。其防治机理是：白蚁群体具有抚育和交哺的行为习性，幼蚁和兵蚁须依靠工蚁为其清洁和喂食；喷施药粉使群体中部分个体身上带毒，通过白蚁之间的抚育和交哺行为，使药粉在白蚁个体间相互传播蔓延，最终达到全巢死亡的目的。

3.1.1.1　具体操作

（1）将灭白蚁药粉装入喷粉器的喷粉球中，装入的药量不超过胶球容积2/3。

（2）将喷粉器的喷嘴插入蚁巢中或对准蚁路或白蚁为害物件上，喷嘴朝上，挤压胶球将药粉喷出，此过程可使用螺丝刀来辅助操作。沾有较多药粉的白蚁将迅速死亡，施药后约一个月可检查灭蚁效果。

（3）灭治林木白蚁时，可在树表喷施药粉，有时需要向树中打洞后再施药来灭杀树干中的蚁巢。

3.1.1.2　注意事项

（1）应将药粉施于白蚁身上且尽可能让更多的白蚁接触到药粉。沾上药粉的白蚁越多，药物就可在巢内更大范围地传播。对蚁巢施药时，可敲击旁边的物体使更多白蚁受惊后涌出，以使更多白蚁沾上药粉。

（2）若在蚁巢上施药，应先在巢壁上呈"品"字形打3个洞，墙心巢可在墙两侧打洞，杉头与墙交接的巢可在杉头两侧打洞。施药后要将洞口堵住。

（3）要在白蚁为害处多施药，尽量不要破坏或堵塞蚁路，以确保白蚁能按原蚁路回巢。

3.1.2 诱杀法

诱杀法具有操作简单、不破坏建筑物、对环境污染少等优点。在检查蚁害时，如只发现局部蚁路且蚁量不多，或仅发现蚁路却未见白蚁活动，可用此法。诱杀法对根治地下蚁巢和树木蚁巢最为有效。其防治机理是：白蚁可在离巢很远的地方活动和取食，利用白蚁喜爱的食料将其从巢中引诱出来，待诱集到较多白蚁时施以灭白蚁药剂将其杀灭。因此，诱杀法包含了"引诱"和"毒杀"两个步骤。

引诱物以白蚁喜欢取食的物质为基本材料。不同白蚁种类使用的引诱物有差异。天气较干燥时，可在引诱物上适量喷洒蔗糖水或洗米水，20多天即可引出大量白蚁。目前白蚁防治主要是针对台湾乳白蚁，使用的引诱物多数是用松木制成35cm（长）×30cm（宽）×30cm（高）诱集箱，内放7～8层松木板。

不同白蚁种类的引诱物见表3-3。

表3-3　不同白蚁种类的引诱物

白 蚁 种 类	引 诱 物
台湾乳白蚁	松木、甘蔗渣、松花粉等
黑翅土白蚁	桉树皮、甘蔗渣、茅草、艾蒿枯枝等
黄翅大白蚁	桉树皮、甘蔗渣、茅草、艾蒿枯枝等
散白蚁	松木、甘蔗渣、玉米秆、竹杆等

3.1.2.1　具体操作

（1）在蚁路附近或在白蚁经常出没、活动较多的地方放置诱集箱。在人流密集处放置诱集箱时应贴上警示标志。

（2）定期检查诱集箱。

（3）当诱集箱内有较多白蚁活动时，往白蚁身上喷施高效且传染力强的灭白蚁药粉。一般施药20d～30d后可达到理想的灭治效果。

3.1.2.2　注意事项

（1）在人流密集的地方放置诱集箱时要有警示标志，诱集箱放置后不能随便移动。

（2）诱集白蚁的监测时间视具体情况而定，检查时如果白蚁数量较少或未见白蚁活动，可适当延长监测时间。

（3）往诱集箱喷施药粉时，应将箱内木板分层轻轻揭起施药，使箱内各层木板都能喷到药粉，以达到理想的灭杀效果。

（4）施药完毕后，应将诱集箱重新放好，让白蚁继续在里面活动，并继续对诱集箱进行监测直至白蚁被彻底消灭为止。

3.1.3 埋设诱杀坑法

此法与上述诱杀法基本相同,但由于需要挖坑埋设诱集箱,因此一般适宜在室外施用。该方法也适用于在建筑物周围、堤坝水库、园林绿化等不同区域监控和预防白蚁。其防治机理与诱杀法相同。

3.1.3.1 具体操作

(1) 在有白蚁为害的建筑物周围或需要保护的建筑物、林木、堤坝水库等四周,尤其是蚁害较严重的地方,选取若干个点,在每点上挖 1 个比诱集箱稍大的坑,然后埋入诱集箱,上面铺一层泥土。

(2) 定期检查诱集箱内的白蚁活动情况。

(3) 检查时如诱集箱内有大量白蚁,可施药处理。

(4) 处理措施多为喷施灭白蚁药粉,可参考诱杀法进行处理。

3.1.3.2 注意事项

(1) 通常将诱集箱埋在靠近树干基部且较潮湿的土中,或埋设在需要保护的建筑物周边的土中。

(2) 诱杀坑内不能积水。

(3) 采用此法监控白蚁时,应对诱集箱进行定期监测,一般每年跟踪灭治 7~8 次。

3.1.4 熏蒸法

熏蒸法是目前灭治堆砂白蚁的最理想方法。常用的熏蒸药剂有固体(如磷化铝)和气体(如硫酰氟),药剂的使用量及熏蒸时间应根据药剂种类、熏蒸物体大小以及熏蒸空间大小而定,操作前应仔细参阅熏蒸剂的使用说明书。

几种常用的白蚁熏蒸剂及用量见表 3-4。

表 3-4 几种常用的白蚁熏蒸剂及用量

熏蒸剂	使用剂量(g/m^3)
磷化铝(AlP)	8~12
氯化苦(CCl_3NO_2)	40
硫酰氟(SO_2F_2)	30~35

3.1.4.1 具体操作

(1) 熏蒸前先将需要处理的物件用薄膜密封包裹好,或将物件放进无人的密封空间。

(2) 用刀将薄膜割开一个小口。

（3）如果使用的是固体熏蒸剂（如磷化铝），用纸将熏蒸剂包卷成团，从薄膜的小口处放入，然后迅速将小口密封；如果使用的是气体熏蒸剂（如硫酰氟），将盛载气体的钢瓶的导气管一端从薄膜的小口处插入薄膜内，缓慢打开钢瓶阀门释放气体。

3.1.4.2 注意事项

使用熏蒸剂时必须注意安全，应该由经专门培训过的技术人员进行操作，施药过程必须佩戴防毒面具和防护手套。

3.1.5 毒饵灭治法

毒饵灭治法是将白蚁诱饵和灭白蚁药剂结合起来使用的一种方法。灭白蚁药物应采用可致白蚁慢性胃毒的、性质稳定的药剂。使用时将饵料混于药剂中制成药饵条、药饵包或药饵盒等，该法多用于堤坝白蚁防治。其防治机理与诱杀法相似，只是将"引诱"和"毒杀"两过程结合起来。

3.1.5.1 具体操作

（1）在发现白蚁活动痕迹的蚁路、泥被泥线、分群孔和白蚁排泄物的地方，投放一定数量的药饵。

（2）白蚁取食药饵后，将药物传递给同巢其他个体，最终全巢死亡。堤坝白蚁蚁巢死亡后20d～70d内，在蚁巢位置的地面上长出炭棒菌，可作为巢位指示物。堤坝白蚁灭巢后必须对原巢穴位置灌浆以加固堤坝。可根据炭棒菌的位置来寻找死巢，主巢一般位于炭棒菌密集生长处直径约50cm的范围内。

3.1.5.2 注意事项

（1）药饵最好放置在有白蚁活动的主蚁道内，药饵上方用瓦片或树叶覆盖，周围用湿土压封，以防蚂蚁等其他生物取食。

（2）若堤坝上找不到白蚁活动痕迹时，应对堤坝全面施药。可在白蚁活动季节（每年4～6月及9月至翌年1月），在坝体表面每5m～10m埋设一药饵，其后须作定期监测，一般每7d～10d检查一次。

3.1.6 挖巢法

挖巢法是我国民间传统的灭治白蚁方法之一，其优点是方法简便且不需使用药剂。但挖巢法容易造成遗漏，残存的白蚁可重新形成新群体，并可能继续扩大发展，而且挖走蚁巢容易破坏建筑物的结构和外观，对堤坝体也造成一定损坏，因此一般情况下较少采用挖巢法来灭治白蚁，只是在无法解决药源的地方或在冬天低温期间（<10℃）才施用此法。另外，目前在防治堤坝白蚁方面不建议挖巢，某些地区如广东省甚至明文禁止采用挖巢法灭治堤坝白蚁。

3.1.6.1 具体操作

找到白蚁主巢、副巢后直接将蚁巢挖走。

3.1.6.2 注意事项

（1）挖巢法最好与白蚁防治药剂同时施用，在挖蚁巢的同时，在蚁巢四周全面施药，使白蚁群体能彻底消灭。
（2）采用挖巢法防治堤坝白蚁时，必须密切注意挖巢对堤坝造成的破坏，挖巢后应及时回填土。
（3）禁止在堤坝汛期挖巢。
（4）灭治堤坝白蚁时，在挖走蚁巢后必须在原巢穴处灌浆，以填塞堤坝内部蚁巢和蚁道留下的孔洞并且加固堤坝。

3.1.7 高温灭蚁法

高温灭蚁法主要用于灭杀堆砂白蚁。此法见效快且不存在农药残留。其防治机理是：堆砂白蚁在60℃以上的高温中持续数小时即死亡，台湾乳白蚁在40℃下持续约20min可致死。

3.1.7.1 具体操作

利用各种可产生高温的方法来处理被蛀木材或木制品。用65℃高温处理被堆砂白蚁为害的家具1.5小时，或在60℃下处理4小时，均能有效杀灭堆砂白蚁。

木材厂内一般设有专门用于木材定型的高温车间，利用此工序可同时进行灭杀白蚁处理。

3.1.7.2 热处理时间

不同厚度木材的热处理时间见表3-5。

表3-5　不同厚度木材的热处理时间（钟俊鸿等，2004）

木材厚度（mm）	热处理时间（h）
0～25	4
26～50	6
51～75	8
76～100	10
101～150	14
151～200	18
>200	>18

3.2 建筑物白蚁防治

为害建筑物的主要白蚁种类是台湾乳白蚁和截头堆砂白蚁。

台湾乳白蚁是我国南方地区为害建筑物的主要白蚁种类，多数情况下是入室为害，可通过墙壁缝隙、混凝土裂缝、瓷砖和火砖的间缝、木门框入地部分等入室，或是在分飞季节由有翅繁殖蚁从室外成熟巢中分飞进入建筑物内（尤其是高层建筑）建立新群体，在室内定居繁殖为害。台湾乳白蚁巢是集中型大型巢，有的成熟巢可分出多个副巢。每巢群体十分庞大，个体数量可达数百万，每年分飞季节可分飞出成千上万甚至数万头繁殖蚁，每个成熟老巢可产生50～75个新巢体。台湾乳白蚁的食性很杂，可蛀食建筑物内大多数物件，而且还可到巢外100多米处觅食。

截头堆砂白蚁能蛀食较坚硬的木材，主要为害室内的木质家具和木构件，对建筑物具有相当大的危害性。该蚁具有很强的耐干燥能力，活动隐蔽，一般不外出活动也不修筑外露的蚁路；在木材内修筑的隧道形式多样，迂回曲折，隧道孔口很小，给防治带来较大困难。截头堆砂白蚁的群体小且容易建立新群体，10头以上的若蚁在10d左右即可建立一个新蚁群。通常一段木材中可同时存在多个截头堆砂白蚁群体，这给防治工作带来一定困难。

3.2.1 蚁害检查

建筑物蚁害检查的一般次序为：先室内后室外，先下后上，先重点后全面。检查工作要细致，凡有木材的地方都不能遗漏。室内的蚁害检查主要集中在厨房、洗手间以及建筑物内较潮湿的地方，重点检查的物件有：门窗框、墙角边缘、墙角与天花板或木地板的交接处、衣柜和橱柜、久未搬动的木箱柜以及建筑物内的木构件、电线槽和水管等。建筑物首层内物品通常蚁害较严重，需仔细检查。若在建筑物首层天花板上发现白蚁分群孔，还应仔细检查室内外其他地方，包括室内的墙角和楼梯底以及室外的树木和绿化地等。不同结构类型建筑物的蚁害检查的重点有差异。

不同建筑物结构类型的蚁害检查重点见表3-6。

表3-6 不同建筑物结构类型的蚁害检查重点

建筑物类型	重点检查的部位
砖木结构的建筑物	正梁和横梁与墙交接的部位、天花板夹层、门楣和楼梯等
钢筋水泥结构的建筑物	墙的四角、墙壁裂缝、暗排水管附近的空位、地窖、门窗框以及天花板等
建筑材料主要为木材的建筑物	主梁、横梁和木柱的交接部位
仓库	墙角、门脚以及柱边下部

现场检查主要是查看建筑物内有无蚁路以及蚁路上是否有白蚁在活动。

墙壁、地板和木构件等内部的隐蔽蚁路一般没有明显特征，检查时可用螺丝刀敲打这些地方，听其声音是否空洞沉着，再将耳朵贴近物件，静听内部有无轻微的白蚁走动的声音，若有即表明里面有白蚁。同时还要检查物件上是否有白蚁的排泄物、分群孔、通气孔等，还可沿着发现到的局部蚁路寻找其他蚁害点。此外，要观察室内是否还有其他蚁害疑似点，例如墙壁透出水渍或膨胀鼓起以及地面下沉的部位等可能存在蚁巢，可用螺丝刀在可疑部位打孔钻探，若打孔阻力很小即表明内有蚁巢，若拔出螺丝刀后片刻即有大量兵蚁涌出（有时可见蚁巢片屑），则可确定此为蚁巢位置。截头堆砂白蚁常常将木材表面蛀孔，然后将其硬似砂粒的粪便从隧道中搬出巢外形成小砂堆，据此特征可判断其为害。

台湾乳白蚁往往是由室外入室为害，有时在室内发现白蚁活动迹象，但蚁巢可能在室外，因此建筑物周边也是检查的重点，尤其是当建筑物首层有白蚁为害时必须检查建筑物外围，特别是建筑物周边的绿化树木或堆积摆放的木材，通常是蚁害严重或接近蚁巢的地方。

检查蚁害主要是根据白蚁的活动痕迹来判断和追踪蚁巢。台湾乳白蚁的蚁巢虽隐蔽，但还是有迹可循，因其巢一般都具有外露特征物，常见的包括白蚁的排泄物、分群孔、通气孔、蚁路和吸水线等。

台湾乳白蚁蚁巢的常见外露特征物见表3-7。

表3-7　台湾乳白蚁蚁巢的常见外露特征物

特征物	特　点	判断要点
排泄物	为工蚁筑巢时搬至巢外的经加工过的物质，数量多少反映了蚁巢大小，幼龄巢的白蚁排泄物较少	为灰褐色或棕色的疏松泥块。通常堆积在蚁巢外围，有时紧贴蚁巢（如砖木结构建筑物），有时离蚁巢较远。泥墙木结构和砖木结构建筑物的地上巢，白蚁排泄物一般较明显；天花板内的蚁巢、混凝土结构建筑物的地下巢以及墙裙内的蚁巢，白蚁排泄物较难发现
分群孔	为有翅繁殖蚁分飞离巢的出口，一般在蚁巢附近，数量从几个到几十个不等。分群孔出现于成年巢，幼龄巢不具分群孔	通常为长条状，长1cm～5cm，孔口有泥封住（分飞季节除外），坚硬而干燥，微凸起，有的分群孔呈不规则的颗粒状、锥形和肾形等。分飞季节时，分群孔的泥土新鲜湿润，孔口有兵蚁和工蚁把守。分群孔多数分布在蚁巢上方或偏上方，离地面较低即接近主巢，反之则远离蚁巢。分群孔一般修筑在室内的木构件、铝合金门框边缘、窗框或地面与墙交接处、木或塑料电开关边缘、地面裂缝和楼梯级缝、干燥的下水道砖缝、电梯井内壁、室内伸缩缝和沉降缝等地方
通气孔	为白蚁调节蚁巢内气体和温湿度的小孔，一般接近地上巢的表层或附近，数量从几个到几十个不等。成年巢的主巢外通常都可找到通气孔	孔口圆形如针孔、小米或芝麻状等，直径约0.1cm，孔口一般有泥堵塞，通常不规则地排列呈梅花状或虚线状

续表 3-7

特征物	特　点	判断要点
蚁路	为白蚁觅食、联络主副巢、通向分群孔和通气孔等的通道，以及白蚁在活动时用于保护其个体免受天敌袭击的掩体。用泥筑成的外露蚁路为"泥路"，隐藏于地下或物体中的为"隧道"或"蚁道"	有白蚁通行的蚁路外表潮湿，无裂缝，颜色较暗，不易脱落；无白蚁通行的蚁路干燥松散，有裂缝，易脱落。蚁路密集粗大、蚁路被破坏后工蚁修补蚁路快以及有大量兵蚁出现在蚁路一端的，均指示蚁巢的方向
吸水线	为白蚁通往水源以吸取水分的蚁路，较隐蔽，一般距离主巢不远，白蚁在上面活动频繁。不是所有台湾乳白蚁蚁巢都具吸水线	隧道状，1～2个手指宽，较一般蚁路扁宽，经常保持高度潮湿。通常修筑在夹墙内、地下或其他较黑暗隐蔽的地方。找到吸水线后，将其截断一小段，有大量白蚁逃往的方向即为主巢方向

　　台湾乳白蚁在建筑物内可修筑地上巢和地下巢。因台湾乳白蚁喜蛀食木材，故建筑物内有木材且较潮湿的地方通常是蚁巢所在，如室内墙角、厨房和卫生间的木门框、靠近厨房和卫生间的木地板等。台湾乳白蚁在室内筑巢有一定的规律性，在检查中可作参考。

　　建筑物内台湾乳白蚁蚁巢分布规律以及查巢要点见表3-8。

表3-8　建筑物内台湾乳白蚁蚁巢分布规律以及查巢要点

	地上巢	地下巢
筑巢特点	多修筑在温、湿、暗、静的地方以及木材集中和通风不畅的地方。台湾乳白蚁可在泥木结构房屋的泥墙中筑巢，但不在砖木结构房屋的砖墙中筑巢。混凝土结构房屋的室内结构复杂，台湾乳白蚁的筑巢位置多样，也可在空心的夹墙内筑巢	在建筑物内修筑地下巢多数是由于建筑物室内地面上缺少其筑巢所需的材料或依附条件，如仓库或农村的薄泥墙民房等，因此通常此类建筑物内台湾乳白蚁的地下巢较多。在广东，台湾乳白蚁的地下巢一般深20cm～40cm
常见蚁巢分布位置	①正梁或横梁的交接处，金字架支架与墙或阁楼底下横梁与墙的交接处；②门框或窗框角的泥墙内，水管附近的空心墙内；③楼梯底下或楼梯与地相连的木柱上，骑楼下方的木柱内；④木板批档（天花板）的夹层内；⑤木地板或舞台底下的横木上；⑥与空心砖柱相连的横梁上；⑦久未搬动的木箱木柜内；⑧壁柜、电闸板或消防箱的下方空隙部位	一般分布规律为：多在高，少在低；多在干，少在湿；多座东南，少座西北；相对较接近水源。具体为：①墙角下方；②门框和楼梯脚下；③炉灶底；④木柱埋地部分附近；⑤贮物室地下；⑥下水管附近

续表 3-8

	地上巢	地下巢
查巢要点	主要查看白蚁排泄物、分群孔、通气孔、蚁路等特征物。混凝土结构建筑物中蚁巢的外露特征不明显，还需重点检查通气孔、水渍以及室内批档变形等地上巢表征。分群孔与蚁巢较接近的，分群孔离地面较低，分飞点较多	地下巢的分群孔和通气孔一般较难发现；分群孔有主次之分，主分群孔位置较低且分飞点较多，次分群孔位置较高且分飞点少而集中；低的分群孔接近主巢，反之远离主巢。地下巢附近可找到白蚁排泄物，有时排泄物在地面门脚处堆积呈半球状；混凝土地面上的白蚁排泄物较难发现，泥地上的白蚁排泄物颜色与泥土相似，不易分辨，但后者为微粒状结构，易捏碎，可以此来判断。有时还需要凿开地面或掀起阶砖以检查切断蚁路后白蚁的活动情况，如大多数工蚁向地下逃逸且大量兵蚁由地下涌出，附近很可能有地下巢。检查时应注意查看地下巢表征，常见有：①地下巢上方墙边 1.5m 以下有 3～9 个芝麻或绿豆大小的泥点；②门窗框、桁杉和墙边有分群孔，其下方地下多数有蚁巢；③在分飞季节，地下巢上方约 1m 的墙边可见一个 2cm×3cm 大小的多孔的泥坯；④沥青或阶砖地台下方如有地下巢，通常会出现裂缝或下沉，墙边灰砂缝中可见蚁路和泥点，表面较潮湿，敲击有空洞声；⑤蚁路土粒与地下土的颜色相似，此为判断地下巢的重要依据之一

3.2.2 灭治方法和预防措施

3.2.2.1 灭治方法

灭治方法可采用喷粉法、诱杀法、埋设诱杀坑法、挖巢法、熏蒸法、高温灭蚁法、水浸法。

3.2.2.2 预防措施

3.2.2.2.1 建筑物地基的白蚁预防处理

白蚁入侵建筑物的主要途径是从地下进入，因此对新建建筑物地基实施白蚁预防处理尤其重要。

施工场地应事先做好充分准备，必须确认工地已符合下列条件后方可进行药物处理操作：①所有挖掘工作已完成，开挖出来的树根、木桩和纤维质废料等已搬离工地；

②回填工作已完成,处理区域内无堆放任何杂物。

建筑物地基白蚁预防的药物处理对地基的土质、地下水位以及施工场地状况有一定要求,应根据不同地基土质条件和工地现场状况来选用合适的药物和处理措施,以保证药液分布均匀,能渗透进入土壤中足够的深度和建筑物地基,从而有效阻止白蚁为害。

不同地基土质条件下采用的白蚁预防处理见表3-9。

表3-9 不同地基土质条件下采用的白蚁预防处理

地基土质条件或施工场地状况	处理措施	原因
酸性土(广东省大部分地区的土质)	选用在酸性环境中稳定的、自身为酸性或中性的药物进行处理;当土壤pH<4.0时不需实施预防措施,或者仅对重点部位进行处理	
碱性土(广东省北部石灰岩地区的土质)	选用在碱性环境中稳定的、自身为碱性或中性的药物进行处理,如硅白灵;当土壤pH>10.0时不需实施预防措施,或者仅对重点部位进行处理	
粘性土及其他重土	将表层土壤翻松,提高药液浓度,降低施用药液比率	药剂在此类土壤中的渗透速度较慢,药液容易流失
疏松土质(如沙质土或可渗透性土壤)	选用不溶于水的固体状或粉状药物,或吸附性强的药物(如毒死蜱)进行处理;施药前,在土质干燥的地方先用水浇湿,以阻止药液过多渗入地下	药液容易因虹吸现象或过分渗透而流失
低洼地或地下水位较高(距地面差≤2m)的区域	使用不溶于水的固体或粉状药物,不得使用易溶于水的药剂,且尽量选择在气候干燥的时间(RH≤70%)或枯水期进行施工	
倾斜的场地	在土壤表面沿施药场地轮廓挖50mm～80mm深的沟以蓄留药液	此类场地容易造成药液流失
斜坡	施药前,沿等高线每隔0.2m～0.3m松土一次以形成垄沟,使药物能被土壤完全吸附并均匀分布	药液容易流向地势低的一端,使药液分布不均匀
低于地下水位的土壤	不需进行处理	白蚁在此条件下不能生存

3.2.2.2.2 土壤化学屏障设置

设置土壤化学屏障,即在建筑物基础下方及其四周的土壤用白蚁预防药物进行处理,使之形成一个围绕建筑物的药土屏障系统,以防止白蚁入室为害,包括垂直屏障和水平屏障两种。建筑物内地坪、建筑物四周、基础墙两侧、柱基础、管井地坪等均应设置化学屏障,而且应根据不同建筑类型来设置垂直屏障或水平屏障。

设置土壤化学屏障前,应先清除土壤中所有含木纤维的杂物以及其他建筑弃料,粘性土和坡度较大的地面应先将深度≥50mm的表层土壤翻松以蓄留药液,干燥疏松的砂质土或透水性土壤应先用水淋湿以防药液流失。

土壤化学屏障设置应在地坪回填后进行,药液被土层完全吸收后才能进行地面施工,不得在药液未完全渗透之前浇筑混凝土垫层或底板。施药区域为露天的,不得在大雨前后进行施药操作。土壤化学屏障应使用低压喷雾施药,喷施稍大的雾滴以减少药剂随喷雾漂浮流失而污染环境,也可用容器盛载配好的药液浇淋建筑物地基四周土壤。化学屏障设置应一次完成,如不能一次完成的,应依照建筑物施工进度分次进行处理,每次处理必须与上一次的施工位置衔接,以保证土壤化学屏障系统的完整性和连续性。

土壤化学屏障设置完成后,应在药液完全渗透后尽快安排地面施工,或采取措施以防止雨水和建筑施工用水的冲刷和浸泡。各个药物屏障应该保持连续,以形成一个完整的屏障系统,防止白蚁利用可能的空隙或漏洞进入建筑物内部。改建、扩建、翻建、维修、装饰装修建筑物时,应对建筑物基础土壤进行补药处理,此时,水平屏障设置深度应≥150mm,垂直屏障设置深度应≥300mm。

不同建筑物类型的土壤化学屏障设置见表3-10。

表3-10 不同建筑物类型的土壤化学屏障设置

建筑物类型	化学屏障设置位置	屏障类型	备 注
建筑物无地下室	墙体两侧	垂直屏障	垂直屏障:①深度≥300mm,向下延伸至墙体下方≥100mm;宽度≥150mm,向下延伸至基础底脚顶端;②药液用量80 L/m²~100L/m²;③紧贴基础和墙体,包围建筑物与土壤的所有连接部位,如管道和沟渠;④首尾连接 水平屏障:①深度≥50mm;外墙基外侧地坪宽度≥300mm,底层室内地坪全部;②药液用量4L/m²~5L/m²;③紧贴基础墙的两侧面,在混凝土垫层下方保持连续,包围建筑物与土壤的所有连接部位;④与垂直屏障连接
建筑物无地下室	室内地坪	水平屏障	
建筑物有地下室	首层外墙外侧	垂直屏障	
建筑物有地下室	高于地下水位的地下室基础底板	水平屏障	
建筑物有地下室	低于地下水位的地下室基础底板	不需设置	
基础墙	墙体两侧	垂直屏障	
建筑物	四周(散水坡)	垂直屏障和水平屏障	
柱基、桩基	四周	垂直屏障	
变形缝	下部	水平屏障	
地下电缆沟	电缆沟两侧	垂直屏障	
地下电缆沟	电缆沟底部	水平屏障	
电缆和管道进入建筑物的入口	入口处300mm范围内环绕其四周的土壤,厚度≥150mm	垂直屏障和水平屏障	
建筑物排水沟位置		禁止设置土壤化学屏障,但可采取其他白蚁预防措施	
不可渗透表面(如石块、混凝土块等)		不能设置化学屏障,只能用药物处理表面的裂缝、断层和连接处,以及与其周边相连的土壤	

不同地坪类型的土壤化学屏障设置见表 3-11。

表 3-11　不同地坪类型的土壤化学屏障设置*

地坪类型	设置时间	设置方法
现浇混凝土结构建筑物的地坪	在安放防潮材料或浇筑混凝土板前	①垂直屏障：分层低压喷洒法或杆状注射法；②水平屏障：低压喷洒法（处理室外散水坡地坪时，应在地坪回填土后进行）
有架空层建筑物的地坪	在安放架空板前，完成后立即放置架空板	
室外散水坡地坪	在墙体外围清理及入户管道安装等完成后	

* 引自：《房屋白蚁预防技术规程（征求意见稿）》（2010）。

3.2.2.2.3　室内墙基的药物处理

建筑物内部各楼层的墙基须进行药物处理，以防止白蚁在墙体内筑巢为害或通过墙体蔓延为害。不同楼层以及不同类型墙体的处理措施有所差异。药物处理应选择在墙体完成砌筑后、抹灰工程开始前进行，施药时墙体应基本干透定形。建筑施工单位应掌握好施药后砌体的湿度及时进行抹灰，抹灰前不得再淋水润湿墙面。建筑物墙体两侧、地面和内部柱基等也要喷施药液。

建筑物内不同楼层及不同类型墙体的药物处理见表 3-12。

表 3-12　建筑物内不同楼层及不同类型墙体的药物处理

墙体所处楼层或墙体类型	处理方法	处理范围	处理高度（m）	药液浓度（%）	用量（L/m²）
地下室及首层	槽罐形喷雾器喷施药液，重复处理两次	墙体两侧自地面计 0.8m～1.0m	1.0	1.0～1.5	2.0
2～30 层		外墙内侧及内墙两侧自地面计 0.4m～0.5m	0.5	0.5～1.0	2.0
墙体砌块和灰缝	在未抹灰前直接喷洒药液；遇水易变形的砌块可在分层抹灰的第一层完成后进行施药处理	—			
空心的砌块墙和板型墙、夹墙	适当加大药液剂量，并尽量在墙体未封顶前将药液灌注入夹缝内部	—			

3.2.2.2.4 室内沉降缝和伸缩缝、管道和管沟等的白蚁预防处理

白蚁可沿着室内的裂缝、沉降缝和伸缩缝侵入为害，以及沿着竖向的管线井和电梯井等向上蔓延为害。因此，对室内的沉降缝、伸缩缝或后绕带、管道和管沟等均须实施药物处理。处理时可根据现场实际情况调整药物的使用浓度及用量，但须确保各处理部位在完工后附着的药物有效成分含量达到农药登记证中的要求。

室内沉降缝和伸缩缝、管道和管沟等的药物处理见表3－13。

表3－13 室内沉降缝和伸缩缝、管道和管沟等的药物处理

处理部位	处理范围	处理方法	药液浓度（％）	用量（L/m²）
沉降缝和伸缩缝	3层以下（含3层）楼层的沉降缝和伸缩缝的两侧及底部	沿缝向下灌注药液（也可用混有药物的沥青来填补缝隙）	1.0～1.5	2.0
室内管道、管沟、电梯井等	3层以下（含3层）楼层的管井内壁	自上而下喷洒药液	1.0～1.5	2.0
管道出入口	管道口周边宽≥300mm、厚≥300mm的土壤	喷洒药液	—	—
门窗预留洞口	室内所有门窗的预留洞口	洞口四周喷洒药液	—	—
电线管槽、开关插座槽	室内所有线管槽和开关插座槽	槽的四周喷洒药液	—	—

3.2.2.2.5 木材和木构件的白蚁预防处理

木材和室内装修装饰用的木构件都是白蚁喜食的物料，最易被白蚁蛀食，因此必须进行白蚁预防处理。

木材和木构件的白蚁预防有两种处理方法。一种是使用木材防护剂进行处理，此过程必须按照GB 50206规定的方法进行操作。另一种是使用白蚁预防药物进行处理，可根据木构件类型选用合适的处理方法，如通常采用的涂刷法、喷洒法和浸渍法等。预防药物一般选用1％毒死蜱。随着人们对环境保护和自身安全意识的日渐增强，应尽量使用低毒、安全、环保的白蚁预防药物。同时，使用的白蚁预防药物应对木材具有良好的渗透性且对木材无腐蚀作用，药物干燥后不挥发或难以挥发且具有稳定而持久的防白蚁效果，而且药物处理后不降低木材的力学强度以及不提高木材的可燃性或影响油漆效果。

必须注意的是，木构件的白蚁预防处理应在木构件加工成型（包括木材胶合）后和防火防潮处理前进行。防白蚁处理完成后，木构件应避免重新切割或钻孔，确实有必要对木构件作局部修整时，须对新形成的断面进行白蚁预防处理，对无法拆除的建筑木

模板等，可采用低压喷洒法进行处理。

室内木构件的白蚁预防处理见表 3-14。

表 3-14 室内木构件的白蚁预防处理*

木构件类型	处理部位	处理方法
木吊顶	木吊杆、木龙骨、造型木板	涂刷法、喷洒法
轻质隔墙工程	木龙骨、胶合板	涂刷法、喷洒法
木屋架	上、下弦两端各 1m	涂刷法、喷洒法
木过梁	整体	涂刷法、浸渍法
搁栅（楼幅）	入墙端 0.5m	涂刷法
檩、椽（桷）、檐	整体	喷洒法
木门窗	门窗框与预留洞口的接触部位、贴墙周边和贴地端	涂刷法、浸渍法
木门窗套	预埋木砖、方木搁栅骨架、与墙体对应的基层板	涂刷法、浸渍法
木窗帘盒	窗帘盒底板	涂刷法
木砖	整体	浸渍法
固定的木橱柜	靠墙侧板、底板	涂刷法
木扶手和护栏	近地端 0.5m	涂刷法
木花饰	贴墙部分	涂刷法
木墙裙	贴墙面	涂刷法、喷洒法
木柱脚	贴地端约 1m	涂刷法
墙面铺装	木砖、木楔、木龙骨、木质基层板、木踢脚	涂刷法、喷洒法、浸渍法
楼板	贴墙约 0.5m	涂刷法
地面铺装	木龙骨、垫木、毛地板	涂刷法、喷洒法、浸渍法

* 引自：《房屋白蚁预防技术规程（征求意见稿）》（2010）和《新建房屋白蚁预防技术规程》（2011）。

特殊情况下木材和木构件的白蚁预防处理见表 3-15。

表 3-15 特殊情况下木材和木构件的白蚁预防处理

特殊情况类型	处理方法
蚁害严重地区使用容易感染白蚁的树种制成的木材	用油溶性的白蚁预防药剂进行处理
洗手间和厨房等经常潮湿处的木构件	
露天的木结构	
檩条和搁栅等木构件直接与砌体接触的部位	
内排水桁的支座节点处	
用耐水性胶胶合的木材和木构件	浸渍法或涂刷法处理
用中等耐水性胶胶合的木材和木构件	涂刷法处理

3.3 电力设施白蚁防治

电缆故障大部分是由白蚁为害造成,我国南方地区因白蚁为害造成的电缆故障率可高达60%~70%。白蚁可蛀食电缆的铅皮、塑料和橡胶等护层,造成严重的线路故障;白蚁不仅蛀食制造电缆的高分子材料,其分泌的蚁酸还对电缆的金属护套等有很强的腐蚀性。电力设施埋放的位置一般较少人为干扰,而且地下阴暗潮湿的环境条件适合白蚁生存;安装电缆时遗留的木板等杂物可为白蚁筑巢提供理想场所;电缆在运行时释放出一定热量,有利于白蚁生存。因此,电缆较易受到白蚁为害。电缆一旦被白蚁侵害,蚁害发展非常迅速。

为害电力设施的主要白蚁种类是台湾乳白蚁,台湾乳白蚁对电缆的危害是世界性问题。

3.3.1 蚁害检查

电力设施的蚁害检查主要查看埋设电缆的地方是否有蚁路或蚁害迹象。在电缆埋设沿线上,每隔一小段距离应打开埋地电缆的盖板进行检查,电线与通信设备线路等如有盒子盖住的也应打开盒子以检查里面是否有蚁害迹象。如发现有蚁害迹象,应尽快查出白蚁为害点,并立即进行灭治处理。

在不挖土的情况下,可利用物理检测法来检查埋地电缆的白蚁危害,此法能检测出白蚁为害的具体部位。目前应用较多的是高压脉冲法和低压脉冲法。利用物理检测法查出电缆故障点,然后结合生物分析法来判断是否为白蚁为害所致。另外,可利用诱饵进行检查,但此法不能准确检测出白蚁有否为害电缆以及为害点的具体位置。

3.3.2 灭治方法和预防措施

3.3.2.1 灭治方法

灭治方法可采用喷粉法、诱杀法、埋设诱杀坑法、挖巢法。

3.3.2.2 预防措施

埋设电缆的电缆沟通常成为白蚁入室为害的途径,因此必须对电缆沟进行白蚁预防处理。最常用和最有效的预防措施是对埋地电缆沟以及电缆表层护套用白蚁预防药物进行处理。电缆沟内不同部位土壤的药物处理应按以下顺序进行:沟底土壤→两侧土壤→入口处周围土壤。此外,现场埋设电缆时也可通过物理的或生态的途径来预防白蚁。

埋地电缆沟和电缆的白蚁预防处理见表3-16。

表 3-16　埋地电缆沟和电缆的白蚁预防处理

处理部位	处理方法
电缆沟内	用药液处理电缆沟的底部及两侧≥300mm 厚的土壤
电缆沟与建筑物的交接处	先用药液处理从电缆沟进入建筑物的入口处四周的土壤，再用药液处理入口处内侧的土壤
回填土后的电缆沟	用药液充分淋透回填土层
电缆沟沿线	沿电缆沟铺设塑料管道，定期将预防白蚁的药液灌注到电缆周围的土层中
地下电缆表面	电缆埋入地下之前，用2%毒死蜱彻底涂刷电缆表面的护套层

埋地电缆白蚁预防的物理和生态处理方法见表 3-17。

表 3-17　埋地电缆白蚁预防的物理和生态处理方法

方　法	具　体　操　作
回避法	避开在蚁患严重区埋设线路，如树林、居民区、木桥旁、木电杆附近等地方
改变土层 pH 法	改变电缆沟内回填土的 pH 值，使白蚁不能穿透土层或不能在土层内生存
隔离法	在埋电缆区周围砌水泥沟，用水泥支架或金属支架将电缆悬空支承
护套防蚁法	电缆外层可用水泥管、硬质塑料护套或其他防白蚁性能好的护套包裹，套管接合处用可预防白蚁的物料粘合。目前常用的是尼龙—11（或 12）电缆护套和减少增塑剂或材料改性制成的半硬 PVC 防蚁电缆。被白蚁蛀食过的电缆也可用尼龙—12 来修补被蛀部位。其他利用物理性能防蚁的电缆材料有：高硬度特种聚烯烃抗白蚁护套、皱纹钢护套预防白蚁电缆、中心管防蚁非金属电缆和抗白蚁防护铠装电缆等

3.4　园林绿化和农林作物白蚁防治

　　白蚁可广泛为害植物，对象包括了农林作物、中药材、园林绿化植物等，其中以旱地作物如甘蔗、花生和玉米等为主，在林木果树的苗期为害苗木根茎部。白蚁对植物的危害，轻则影响植物生长发育或使作物减产，严重的可导致植株死亡。绿化地的枯枝落叶和植物根部是白蚁喜爱的食料，加上地下土壤常年保持适宜白蚁巢居的湿度，因此，绿化地也是白蚁的为害对象。城镇绿化地，尤其是住宅区周边绿化带，常常是白蚁巢源地之一，是建筑物蚁害的源头。

　　为害植物的白蚁种类包括台湾乳白蚁、黑翅土白蚁、黄翅大白蚁和黄胸散白蚁。在枝干内部为害的主要是台湾乳白蚁和散白蚁。台湾乳白蚁可修筑树心巢，并可扩散蔓延至周围的建筑物为害。在树皮表面为害的主要是黑翅土白蚁和黄翅大白蚁。

3.4.1 蚁害检查

园林绿化作物的蚁害检查主要是查看树木基部与地面接触处以及树干的瘤突和凹突处。检查时可用工具敲打树干以查看树干是否结实，同时观察树身是否有泥被泥线和蚁路，泥被泥线和蚁路是否新鲜（新鲜的一般较潮湿），以及是否有白蚁在活动，树干上是否有白蚁的排泄物（若树内有台湾乳白蚁蚁巢，白蚁排泄物通常堆积在树的枯枝断面）。此外还可观察树木的长势，如果树木无严重病虫害但长势仍很弱，其根部极可能受到白蚁蛀食。

台湾乳白蚁和散白蚁可在树木枝干内部为害，其中，台湾乳白蚁在为害处有较多排泄物，在树干中修筑树心巢，在表皮或树枝断折口有蚁路、分群孔或排泄物。黑翅土白蚁和黄翅大白蚁在树皮表面为害，一般在树干表面有一层新鲜的泥被泥线，或其蚁路在树干表面蔓延。

绿化地蚁害检查主要是观察绿化地表面是否有蚁路和泥被泥线，以及草根处是否有被取食过而枯黄或长势较弱的情况。白蚁分群孔通常在树头和泥土中，检查时也需注意。

3.4.2 灭治方法和预防措施

3.4.2.1 灭治方法

灭治方法可采用喷粉法、诱杀法、埋设诱杀坑法、毒饵灭治法、挖巢法。

3.4.2.2 预防措施

建筑物周边的园林绿化容易孳生白蚁，成为白蚁入室为害的源头，因此，建筑物周边的园林绿化草地、林木、大型花坛以及建筑物的天台和花园等应进行白蚁预防处理。

室外园林绿化经常受到淋水和阳光照射的影响而导致土壤表层的白蚁预防药剂容易分解失效，因此需要定期补充施药。补药工作可选在每年白蚁分飞期前（约4月中下旬）结合花木养护进行土壤防白蚁处理。在树木的树冠范围内施药，补药时使用的药物和药剂浓度跟首次施药相同，药液要渗透至表层土以下10cm左右。

农林作物还可采取某些农业措施来预防白蚁，如选用良种壮苗、实行水旱作物轮种以及雨季造林等。

园林绿化地白蚁预防的土壤处理见表3-18。

表3-18 园林绿化地白蚁预防的土壤处理

绿化地类型	处理方法	使用药剂及浓度	用量
绿化带、大型花坛	药液处理花泥	毒死蜱（0.05%~0.1%）	30 L/m² ~ 50 L/m²
	药液涂于花坛内壁和底部	毒死蜱（1.0%~1.5%）	2 L/m²

续表 3-18

绿化地类型	处理方法	使用药剂及浓度	用 量
农林作物、花卉苗木、苗圃	大棚种植前用药液浇淋表层土	40%毒死蜱（2.5%）、20%吡虫啉（0.05%）、10%氯氰菊酯（1%）	条状地块：5 L/m²；片状地块：3 L/m²
	播种前用药液浸种1min	氯菊酯（0.02%）、辛硫磷（0.1%）、毒死蜱（0.1%）	—
	栽种前用混有药液的泥浆（30%泥土、70%水）沾满苗木根部	氯菊酯（0.02%）、辛硫磷（0.1%）	—
	将种植坑内苗木根部周围的土壤拌入药物	3%呋喃丹颗粒剂 + 25%西维因可湿性粉剂	2 kg/亩～3 kg/亩
	使用营养袋（杯）育苗时，在移栽前用药液淋透营养袋内的苗根土壤	40%毒死蜱（0.5%）、5%联苯菊酯（0.06%）	—

第 4 章　安全管理

4.1　药物和药械管理[①]

要重视药物和药械管理，主要做好以下工作：

(1) 药物必须储存在专用仓库或专用储存室（柜）内，贮藏场所应坚固、通风、干燥、低温，有专门的防火、防爆和防盗等设施，并应符合相关的安全防火规定。

(2) 药物应设专人管理，有健全的管理制度，同时应配置急救用品。

(3) 药物须根据其毒性和理化性质分门别类放置，统筹安排。

(4) 监测装置和物理屏障等材料应与化学药物分开存放在不同仓库，以免被化学药物污染，影响效果。

(5) 定期检测施药器械和设备，保证其性能良好，同时不得将其挪作他用，以免污染其他物品。

(6) 施药结束后应及时清洗配药容器和施药器械，清洗产生的含药污水不得随意倾倒，药物容器应集中处理，不得随意丢弃，用剩的药物应运回仓库妥善保管。

(7) 装卸药物时应小心轻放，严禁撞击、拖拉和倾倒，以防药物泄漏，污染环境。

(8) 运输时严禁人和药物混载，药物严禁与食物一起存放。

4.2　安全防护知识

4.2.1　药物和药械安全使用知识

4.2.1.1　药剂安全使用知识[②]

(1) 根据农药毒性级别、施药方法和地点，防治工应穿戴相应的防护用品。

(2) 施药期间不得进食、饮水和抽烟。

(3) 施药时应注意天气情况，雨天、下雨前、气温超过 30℃ 时不能喷药。因雨天、下雨前喷药，药物容易被冲刷流失，影响效果；大风天气喷药药物容易飘移，可能引发植物药害和人畜中毒；高温时施药，不便于操作和防护，容易发生危险。

(4) 防治工应始终处于上风位置施药。

[①]　引自：《房屋白蚁预防技术规程（征求意见稿）》(2010) 和《新建房屋白蚁预防技术规程》(2011)。

[②]　引自：《有害生物防制员（基础知识）》(2007)。

（5）库房熏蒸时应放置"禁止入内"、"有毒"等标志。熏蒸库房内温度应低于35℃。熏蒸作业必须由2人以上轮流进行，并设专人监护。

（6）使用高毒农药时必须有2人以上在现场。防治工每日工作不超过6小时，连续施药不超过5天。

（7）施药时，非工作人员和家畜禁止在施药区停留，凡施过药的区域应放置警告标志。

（8）临时在室外放置药物及施药器械必须有专人看管。

（9）防治工如有头痛、头晕、恶心、呕吐等中毒症状时，应立即离开施工现场并进行治疗。

（10）不能用嘴去吹堵塞的喷头，应用牙签或水来疏通喷头。

（11）园林、绿地等施药后应至少24小时以后才可进入施药区域。

（12）未经培训的人员不得从事施药工作。

（13）禁止让儿童接触农药，应在远离儿童的区域进行安全作业。

（14）应尽量减轻作业噪声造成的影响，可通过替换防治工和在施药期间进行一定的休息，减轻防治工连续受到噪声的危害。在室内作业时，应提供保护听力的措施。

4.2.1.2　机动药械安全操作知识[①]

（1）使用药械前应检查各部件安装是否正确、牢固。

（2）新机动药械或维修后的机动药械首先要排除缸体内封存的机油。排除方法是：先卸下火花塞，用左手拇指堵住火花塞，然后用启动绳拉几次，迫使汽缸内机油从火花塞喷出，用干净布擦干火花塞孔腔及电极部分的机油。

（3）新机具或维修后更换过汽油垫及曲柄连杆总成的发动机，使用前需进行磨合，磨合后用汽油对发动机进行一次全面清洗。

（4）检查压缩比。用手转动启动轮，活塞靠近上死点时有一定的压力，超过上死点时曲轴能很快地自动转过一个角度。

（5）检查火花塞跳活情况。将高压线端距曲轴箱体3mm～5mm，再用手转动启动轮，检查有无火花出现，一般蓝火为正常。

（6）汽油缸转速的调整。机动药械经拆装或维修后需重新调整汽油机转速。

（7）根据作业需要，按照使用说明书上的步骤装上对应的喷射部件及附件。

（8）喷雾机每天使用结束后应倒出箱内残余的药液。

（9）清除机器各处的灰尘、油污、药迹，并用清水清洗药箱和其他与药剂接触的塑料件、橡胶件。

（10）检查各螺丝、螺母有无松动，工具是否齐全。

（11）保养后的机动药械应放在干燥通风的室内，切勿靠近火源，避免与农药等腐蚀性物质放在一起。

[①]　引自：《有害生物防制员（基础知识）》(2007)。

4.2.2 个人安全防护知识

（1）施工人员应经过专业技术培训，熟悉施工器械的操作以及熟悉药物的安全使用规定和现场急救措施。

（2）施工人员应严格按照安全生产规定，在施工操作时必须穿着专用工作服和防护鞋，佩戴安全帽、防毒口罩和防护手套。

（3）施工操作需要连接电源的，应由具备电工专业岗位证书的人员操作。等高作业应系好安全带。使用电动、机械工具需接受必要的操作培训，施工过程中注意安全操作。

（4）定期检查保养施药器械和所有密封套垫及断流阀，不得使用质量低劣或性能不稳定的器械，不得把施工器械挪作他用。

（5）沾到皮肤上的药物要及时清洗，衣物被药物污染后应立即更换，施工完毕后应及时清洗工具以及双手和头脸等外露部位。

（6）施药结束后，应及时清洗器械；药物空瓶或装盛过药物的容器应妥善处理，不得随意丢弃或挪作他用；配制好但暂时未用的药液应运回仓库保管，不得在现场随意处置。

（7）各工序施药处理完毕后应向施工单位交代安全事宜，避免药物中毒事故发生。

（8）要增强环保意识，严禁向周围植物随意喷药。

（9）凡皮肤病患者、有禁忌症的人员以及"三期"（即经期、孕期、哺乳期）妇女不得从事配药和施药工作。

（10）发生药物中毒时应立即采取相应的急救措施，并携带药物标签送医院诊治。

4.3 药物中毒急救措施

白蚁防治药物可通过皮肤、呼吸道、消化道三种途径进入体内，如使用不慎可引起人畜中毒。若误服，药物可通过消化道迅速进入体内，严重时可致死。

白蚁防治药物中毒的症状主要表现为头痛、头晕、眼红充血、流泪怕光、咳嗽、咽痛、乏力、出汗、流涎、恶心和头面部感觉异常等。中度中毒者除了上述症状外，还可能伴有呕吐、腹痛、四肢酸痛、抽搐、呼吸困难、心跳过速等；重度中毒者除上述症状明显加重外，还出现高热、多汗、肌肉收缩、癫痫样发作、昏迷，甚至死亡。

4.3.1 白蚁防治药物中毒的现场急救处理

若出现人员药物中毒情况，现场其他人员应视中毒者状况立即采取紧急处理，并携带药物标签尽快将中毒人员送医院治疗。

白蚁防治药物中毒的现场急救处理见表4–1。

表4-1　白蚁防治药物中毒的现场急救处理[①]

中毒途径	现场急救处理
经呼吸道	立即将中毒者带离现场，移至空气新鲜的地方，解开中毒者的衣领和腰带，使其保持呼吸畅通，注意保暖
经皮肤	立即脱去中毒者身上被药物污染的衣服，迅速用大量清水反复冲洗被药物污染的皮肤、头发和指甲等15min以上。若药液溅入眼内，应立即用大量清水冲洗
经　口	情况一：中毒者误食有机磷类和氨基甲酸酯类杀虫剂的要立即进行催吐，以加速体内毒物排出，减少毒素吸收，减轻症状。具体方法是：给中毒者喝下大量清水，用手指或筷子刺激中毒者的咽喉壁诱导催吐，将胃内有毒物吐出 情况二：中毒者误食拟除虫菊酯类药物的应立即用清水漱口，一般不引吐，除非是以下几种情况：①中毒者神志清醒；②无法获得医疗救助；③摄食量超过1口；④摄入时间小于1h；⑤急救中心的明确指引

[①] 引自：《房屋白蚁预防技术规程（征求意见稿）》（2010）和《新建房屋白蚁预防技术规程》（2011）。

4.3.2　不同类型药物的中毒急救处理

不同类型药物急性中毒的处理方法仅供专业医务人员参考，其他人员不能临场救治。若发生中毒情况应第一时间送医院救治。

不同药物类型的中毒急救处理见表4-2。

表4-2　不同药物类型的中毒急救处理[②]

药物类型	一般治疗	解毒治疗
有机磷类	经皮肤及呼吸道中毒者应迅速离开现场，脱去被药物污染的衣物，用肥皂水（忌用热水）彻底清洗受污染的皮肤、头发、指甲等。若眼部受污染，应迅速用清水或2%碳酸氢钠（NaHCO₃）溶液冲洗。若引起红疹、红肿，可用醋酸氢化可的松软膏或醋酸氟氢可的松软膏涂搽患部。经口中毒者应尽早催吐，可用温水、2%碳酸氢钠（NaHCO₃）溶液或用1：5000高锰酸钾（KMnO₄）溶液反复洗胃数次	常用的特效解毒剂为抗胆碱酯酶复能剂。阿托品是目前抢救有机磷类杀虫剂中毒最有效的解毒剂之一，但对晚期呼吸麻痹的中毒者无效。轻度中毒者可单独给予阿托品，中度或重度中毒者可以用阿托品治疗为主，合并使用胆碱酯酶复能剂（如氯磷定、解磷定），合并使用时有协同作用，阿托品剂量应适当减少
拟除虫菊酯类	经皮肤及呼吸道中毒者应立即离开现场，先用碱液冲洗皮肤及受污染的眼部，再用清水清洗。可口服扑尔敏、苯海拉明等，也可以静脉注射硫代硫酸钠。经口中毒者应尽早催吐，用2%碳酸氢钠（NaHCO₃）溶液或1%食盐水洗胃，也可用硫酸镁（MgSO₄）或硫酸钠（Na₂SO₄）导泻	无特效解毒药，急性中毒者应以对症治疗为主。有抽搐、惊厥症状的可用安定5mg～10mg肌注或静脉注。静脉输液或利尿以加速毒物排出的，可选用糖皮质激素、维生素C和维生素B6等维持重要脏器功能及水电解质平衡。禁用肟类胆碱酯酶复能剂、阿托品和肾上腺素

续表 4-2

药物类型	一般治疗	解毒治疗
氨基甲酸酯类	经皮肤及呼吸道中毒者应迅速离开现场，到空气新鲜的地方，脱去受污染的衣物，用肥皂水彻底清洗被药物污染的皮肤、头发、指甲等。经口中毒者应尽早催吐，尽快用温水洗胃。注意清除呼吸道中的污染物，对呼吸困难者要采取人工呼吸措施	静脉注射阿托品。轻至中度中毒者首剂注射 1mg～2mg，30min 后重复给药，症状好转后每 6h 给药 0.5mg，阿托品总给药量为 10mg～20mg；重症者首剂注射 5mg，然后每 20min 重复给药，至阿托品化后每 4h 给药 1mg，持续 24h，阿托品总给药量为 54mg

② 引自：《房屋白蚁预防技术规程（征求意见稿）》(2010) 和《新建房屋白蚁预防技术规程》(2011)。

第5章　附录：相关文件及标准

5.1　《广东省水利厅关于水利工程白蚁防治的管理办法》

第一章　总　则

第一条　为规范水利工程白蚁防治工作，保障水利工程安全运行，制定本办法。

第二条　本省行政区域内水利工程白蚁蚁害安全鉴定（以下简称蚁害安全鉴定）和白蚁防治工程的设计、施工、验收，以及从事水利工程白蚁防治有关业务的单位（以下简称白蚁防治单位）的管理，适用本办法。

第三条　白蚁防治遵循"安全环保、防治结合、综合治理、持续防控"的原则。

水利工程白蚁防治应按照《广东省水利工程白蚁防治技术指南》（以下简称《技术指南》，附件1）技术指引开展白蚁防治工作。

第四条　各级水行政主管部门负责所管辖水利工程白蚁防治工作的监督管理。

第五条　白蚁防治应依法选择合适的发包方式。

第六条　白蚁防治经费纳入水利工程日常运行管理费用。

第二章　白蚁蚁害安全鉴定

第七条　水利工程竣工验收后每隔5～8年进行一次蚁害安全鉴定。

第八条　蚁害安全鉴定由水利工程业主单位负责组织，费用由水利工程业主单位在工程维护经费中列支。

第九条　蚁害安全鉴定由专家组开展。

专家组由堤坝白蚁防治专业技术人员组成，大、中、小型水利工程蚁害安全鉴定专家组总人数分别为7人、5人、3人，且专家组组长必须由具有水利工程（或昆虫学）高级、中级、初级或以上技术职称的堤坝白蚁防治专业技术人员分别担任。

堤坝白蚁防治专业技术人员是指熟悉广东省堤坝白蚁防治"三环节、八程序"技术原理以及从事堤坝白蚁防治工作三年以上并具有初级或以上技术职称的人员。

第十条　蚁害安全鉴定专家组和工程管理单位负责编写蚁害安全鉴定报告，由工程管理单位上报该工程水行政主管部门备案（大、中型水利工程蚁害安全鉴定报告须同时报省水利工程白蚁防治中心备案）。

第十一条　蚁害安全鉴定结论分为一、二、三类堤坝工程，二、三类堤坝应当按照本办法的规定开展白蚁防治工作。

第三章 白蚁防治单位

第十二条 本省行政区域内的白蚁防治单位,应当在广东省水利工程白蚁防治中心建立信用档案。

第十三条 申请建立信用档案应提交下列资料:

(一)广东省水利白蚁防治单位信用档案申请表(附件2)。

(二)单位法人营业执照(副本)、税务登记证(副本)、组织机构代码证(副本)、法定代表人身份证、代理人身份证复印件;从业人员上月社保缴费名册(加盖社保局公章);上述复印件需备原件核对。

(三)5人及以上从业技术人员证明材料(技术负责人提供水利工程或昆虫学学历、职称证书,4人及以上水利工程白蚁防治工证书)。

(四)在广东省境内固定办公场所证明材料。包括房屋产权证或租用、租赁合同等。

(五)施工设备清单,包括灌浆机、造孔机、照相机、录像机等。

第四章 白蚁防治工程施工

第十四条 凡存在蚁害隐患的新、改、扩建,除险加固、达标加固水利工程,各阶段项目设计报告应按照建设无蚁害水利工程要求,将白蚁防治专项一并列入工程建设内容,所需费用列入投资概(估)算。

第十五条 白蚁防治工程费应全额划拨给白蚁防治施工单位,任何单位不得扣减白蚁防治预算经费。

第十六条 白蚁防治工程施工应签订施工合同,合同服务期不少于一年,即一般4~6月、9~11月施药灭蚁,10月至次年3月对堤坝蚁巢进行灌浆。

第十七条 白蚁防治工程实行监理制和监督制。新、改、扩建,除险加固、达标加固水利工程的白蚁防治工程由土建工程监理人员负责监理。白蚁防治工程日常维护由业主单位技术人员负责监督。

第十八条 白蚁防治工程施工单位应当编制具体防治方案,报监理单位或业主批准后实施。防治方案包括白蚁蚁情鉴定结果、防治内容、具体措施、施工安排、经费预算、后续服务等内容。

第十九条 白蚁防治工程施工单位应当遵守下列规定:

(一)按照批准的防治方案组织实施,不得自行改变。

(二)施工开始前,对施工现场、工地周围的地下棺木、树根、朽木等含纤维素类废旧物进行全面清理。

(三)施工过程中,发现较大蚁情,必须及时报告业主。

(四)施工过程中,应当及时做好施工工序记录、拍摄防治照片并妥善保存防治施工资料;施工记录应采用规范的表格,关键工序特别是药物投放及灌浆过程必须有监理人员和业主人员现场全程监督,并与工程监理单位和业主代表共同签字、盖章确认,作为工程管理和验收的主要资料之一。

（五）对施药情况存在争议的，可取样送指定机构检测。

（六）药物处理阶段完成后，及时整理有关资料并进行自检。

第二十条 业主单位负责协调与白蚁防治有关的周边事项，避免因白蚁防治与周边地区发生矛盾和利益纠纷。

业主单位应督促工程土建承建单位及时清理施工中的木模板和木桩，不得将其残留或回填到土层中，防止白蚁孳生繁殖。

第五章 白蚁防治工程验收

第二十一条 白蚁防治工程应当进行单项工程完工验收。

第二十二条 验收由白蚁防治施工单位提出申请，由业主单位组织，验收结论及验收资料应报该工程水行政主管部门备案。

第二十三条 申请验收时，应当提交以下资料：

（一）施工合同。

（二）防治方案。

（三）施工过程资料（含照片、视频资料）。

（四）施工总结报告。

（五）复查报告。

（六）业主意见。

第二十四条 验收时须成立验收专家组，专家组参照蚁害安全鉴定专家组要求组成。

第二十五条 验收标准、原则

（一）按合同写明的防治范围、防治方案完成防治任务。

（二）提交的验收资料齐全。

（三）防治效果达到合同要求。

第二十六条 水利工程管理单位应当对历年白蚁防治有关资料，包括安全鉴定、设计、施工、验收、复查资料以及防治措施、检查记录、防治工作总结等文字资料和图片、视频等音像资料进行整编、归档。有条件的单位应当建立白蚁标本室，并配备相关设备，逐步实行白蚁防治工作信息化管理。

第六章 无蚁害堤坝验收

第二十七条 水利工程管理单位可组织白蚁防治专家按《技术指南》对所管辖水利工程进行无蚁害堤坝验收，专家组参照蚁害安全鉴定专家组要求组成。

第二十八条 无蚁害堤坝验收专家组和工程管理单位负责编写无蚁害堤坝验收报告，由工程管理单位上报该工程水行政主管部门备案（大、中型水利工程无蚁害堤坝验收报告须同时报省水利工程白蚁防治中心备案）。

第七章 管理责任

第二十九条 水利工程管理单位负责人为该工程白蚁防治工作责任人，水利工程因

蚁害出险造成事故，按规定追究有关人员责任。

第三十条 水利工程在白蚁防治合同期内因蚁害出险造成事故，由白蚁防治单位承担相应法律责任。

第三十一条 各级水行政主管部门按照国家和广东省有关水利建设市场信用信息管理的规定对白蚁防治单位进行信用管理。

第八章 附 则

第三十二条 本办法自 2015 年 7 月 1 日起施行，有效期至 2020 年 6 月 30 日止。《广东省水利工程白蚁防治企业资质等级试行标准》（粤水管〔2001〕11 号）、《广东省水利工程白蚁防治企业资质管理规定》（粤水管〔2001〕11 号）、《广东省水利工程无蚁害堤坝标准试行规定》（粤水电管字〔1993〕119 号）同时废止，省水利厅此前发布实施的白蚁防治、无蚁害堤坝验收有关规定与本办法规定不一致的，以本办法为准。

附件 1 《广东省水利工程白蚁防治技术指南》
附件 2 广东省水利白蚁防治单位建立信用档案申请表

附件1 《广东省水利工程白蚁防治技术指南》

1 总则

为规范水利工程白蚁防治工作，加强水利工程技术管理，保障水利工程安全，结合广东省实际，特制定本指南。

本指南适用于广东省境内的水库土石坝、江河与沿海土质堤防、高填方渠道等水利工程白蚁防治工作。

2 主要术语

2.1 泥线、泥被

泥线、泥被是白蚁在取食、外出活动时的遮蔽物。工蚁从土内搬出小土粒加上它的唾液制成薄层泥皮，厚度1mm左右，覆盖在取食物或地表面上。泥被成片，泥线成条。不同种类白蚁的泥被、泥线有差异。

2.2 蚁路

蚁路也称为蚁道，是白蚁外出觅食、活动，或者为连接各菌圃、巢腔而修筑的通路，也是白蚁外出取食、活动时避光、避敌害的系统。蚁路口大多有白蚁活动，孔道半月形，底平光滑。小蚁路经过几次扩充后，路孔径逐渐变大，直到形成主蚁路。

2.3 分群孔

分群孔又称为移殖孔、羽化孔。是在成年巢白蚁群体内发育成熟的有翅繁殖蚁从巢内爬出地面，进行移殖分飞专用的孔道，每年4~6月份为分飞期。

2.4 候飞室

候飞室又称为待飞室、移殖室，分群孔内有底平上拱扁形的小空腔，是分群孔与主蚁道之间的通道，可容纳一部分发育成熟的长翅繁殖蚁，是它分群前暂时停留的场所。

2.5 菌圃

菌圃为质轻、多孔海绵状的疏松组织，菌圃有的无泥质，有的被泥质将其分割。菌圃是蚁巢的主体，是培养白蚁"粮食"（小白球菌）的基质，也是白蚁生活和活动的高层多孔建筑物，是蚁巢内温度、湿度的调节器。

2.6 巢腔

巢腔是白蚁修建巢穴时形成的空洞，巢腔与巢腔之间由蚁道相连。

2.7 鸡㙡菌

鸡㙡菌为白蚁伞菌属的伞菌,生活在土栖白蚁菌圃里,与白蚁共生。在高温、高湿气候条件下,菌丝穿过土层长出地面的子实体,称为鸡㙡菌。鸡㙡菌为伞形,菌盖直径很大,可达10多厘米,菌盖中央突出,表面为灰褐色。其生长期开始出现于5月下旬,盛期在6月上旬至7月下旬,末期为8月上旬至10月中旬。

2.8 三踏菌

三踏菌是白蚁伞菌属的另一种伞菌,形态与鸡㙡菌相似,但菌盖直径一般在10cm以下,菌柄纤细。同一蚁巢的各菌圃长出三踏菌的时间基本一致,常见有三群,因此而得名。三踏菌生长对温度要求较高,一般开始出现于7月下旬,盛期在8月上、中旬,末期为8月下旬至9月上旬。

2.9 鸡㙡花

鸡㙡花是白蚁伞菌属的一种小型伞菌。菌盖灰白色,直径1cm～2cm,中部尖。菌柄白色,细长。生长期在7～8月间。群生,每群数朵至上百朵。在每群鸡㙡花下方都有白蚁活动,并有白蚁寻食的主蚁道,有些鸡㙡花本身就从主蚁道上长出,因此,鸡㙡花被认为是蚁道上生长出的一种真菌指示物。

2.10 炭棒菌

炭棒菌又称为鹿角菌、地炭棍、针形菌等,为炭棒菌属的一种鹿角状、针状、棒状真菌子实体,呈丛状分布。生长期为每年5月至10月间,是死亡巢的指示物。地表鹿角菌分布面积越大,地下巢区的范围也越广。

2.11 蚁患区

符合下表规定的水利工程主体部分发现有白蚁危害的定义为蚁患区。

区域	工程类别			备注
	水库大坝	堤防	高填方渠道	
蚁患区	坝体	堤身	挡水堤堤身	

2.12 蚁源区

符合下表规定的有白蚁发生且可能转移危害到水利工程主体的区域定义为蚁源区。

区域	工程类别			备注
	水库大坝	堤防	高填方渠道	
蚁源区	大坝两端及离坝脚线以外50m内	离堤脚线30～50m内	离堤脚线20m内	

2.13 饵料

饵料是指投放在白蚁引诱坑（堆）中供白蚁取食的物质，不含杀白蚁药物的有效成分，其材料常常添加了引诱剂、取食刺激剂或标记信息素，用于诱集或监测白蚁。在产品中有时也被称作饵木、饵片、饵盒、饵块。

2.14 饵剂

饵剂指含杀白蚁药物有效成分供白蚁取食的物质，常用饵剂有纸卷状、粒状、粉状、块状、包状、条状、棒状、D 型状。

3 蚁害安全鉴定

3.1 蚁害检查人员和检查部位

白蚁蚁害安全鉴定专家组全体人员对水利工程各部位进行全面的检查。

3.2 检查时间

检查时间一般为 3～6 月或 9～11 月，大、中型水库白蚁蚁害安全鉴定与大坝安全鉴定同时进行。

3.3 检查范围

3.3.1 蚁患区的检查范围

（1）水库大坝的检查范围为坝体。
（2）堤防的检查范围为堤身。
（3）高填方渠道的检查范围为挡水堤堤身。

3.3.2 蚁源区的检查范围。

（1）水库大坝的检查范围为大坝两端及坝脚线以外 50m。
（2）堤防的检查范围为堤脚线以外 30m～50m。
（3）高填方渠道的检查范围为堤脚线以外 20m。
（4）在上述区域之外毗邻处有山体和树林的，应扩大检查范围至 100m。有条件的单位可以根据实际情况扩展检查范围。

3.4 检查内容

3.4.1 检查工程主体是否有湿坡、散浸、漏水、跌窝等现象，辨析是否因白蚁危害引起

3.4.2 检查工程主体及周边地区白蚁活动时留下的痕迹，辨别蚁种

3.4.3 检查水库大坝迎水面浪渣中是否有白蚁蛀蚀物

3.4.4 检查工程表面泥线、泥被的分布密度、分群孔数量和真菌指示物等

3.4.5 检查 3.3 节规定范围内树木和植被上泥被、泥线分布情况

3.5 检查方法

3.5.1 人工法

（1）外露特征法。由白蚁防治专业技术人员在工程主体及蚁源区根据白蚁活动时留下的地表迹象和真菌指示物来判断是否有白蚁危害。

（2）表层翻挖法。在白蚁经常活动的部位，用铁锹或挖锄将白蚁喜食的植物根部翻开，查看是否有活白蚁及蚁路等活动迹象。

3.5.2 引诱法

（1）引诱堆。把饵料直接放在大坝背水坡、堤防内外坡的表面，用土块或石块压好。平均每 50 m^2 坝面设置一处。

（2）引诱桩。把白蚁喜食的带皮干松木桩一端削尖，直接插入工程土体内。平均每 50m^2 坝面设置一处。

（3）检测盒。把白蚁多种喜食物，装入 20cm×15cm×10cm 盒体内，盒体底部开 4 个白蚁通道进出，每 50m^2 坝面设置一处，埋于地表下 10cm～20cm 即可，三天后检查白蚁取食情况。

3.5.3 仪探法

应用探地雷达、高密度电阻率法等仪器探测白蚁巢穴。

3.6 检查结果与危害程度

3.6.1 检查时应在有白蚁活动痕迹或仪器探测到有白蚁隐患的位置做好记录，并设置明显的标记或标志（白蚁蚁害安全鉴定登记表见附录 A）

3.6.2 检查进行中，应现场测绘白蚁活动痕迹分布图（样式及图例见附录 B），标注白蚁活动位置和痕迹类型

3.6.3 检查结束后，应对工程白蚁危害程度进行分类。白蚁危害程度分为严重危害、中轻度危害和无蚁害三级

3.6.4 至少满足下列情况之一的白蚁危害为严重危害

（1）因白蚁危害造成堤坝散浸、牛皮涨、管涌、滑坡等危害水利工程安全的险情。

（2）工程主体坡面上发现众多分群孔（平均每 200 m^2 坝面多于 1 处）。

（3）主体工程坡面泥线、泥被、鸡枞菌分布比较密集（平均每 100 m^2 坝面多于 1 处）。

3.6.5 至少满足下列情况之一的白蚁危害为中轻度危害

（1）工程主体坡面上发现少量分群孔（平均每 2000 m^2 坝面多于 1 处）。

（2）工程主体坡面上发现泥线、泥被、鸡枞菌等白蚁活动迹象（平均每 1000 m^2 坝面多于 1 处）。

（3）主体工程周边 50m 蚁源区 30% 以上存在白蚁危害。

3.6.6 检查时达到广东省无蚁害堤坝标准者为无蚁害堤坝

3.7 鉴定结论

3.7.1 水利工程堤坝白蚁危害程度为严重危害者鉴定为三类堤坝工程，白蚁危

程度为中轻度危害者鉴定为二类堤坝工程，无蚁害堤坝鉴定为一类堤坝工程

3.7.2 白蚁蚁害安全鉴定检查结束后应及时编写白蚁蚁害安全鉴定报告（报告编写内容见附录C）。白蚁蚁害安全鉴定报告应包括鉴定检查情况、安全鉴定结论和防治建议

3.7.3 工程管理单位应将白蚁蚁害安全鉴定报告整编收录，建立白蚁防治档案

4 堤坝白蚁防治方法

4.1 前期预防

4.1.1 水利工程建设项目主体工程施工前，必须根据检查结果对工程基础进行清理和白蚁灭杀，对周边地区白蚁危害进行处理。利用原山体建堤坝时必须对原山体进行白蚁灭治

4.1.2 堤坝工程建设项目需要取土时，应对土料场白蚁危害进行检查。取土前，工程建设项目业主应对存在的白蚁危害进行彻底灭治。土料场白蚁危害十分严重，无法满足彻底灭治要求时，应变更土料场

4.2 防护措施

4.2.1 新建或加固培厚的堤坝工程草皮护坡应选用不易长高的优良草种（如蜈蚣草）

4.2.2 堤坝草皮护坡应勤加养护和修剪，及时拔除杂草、杂树，草皮护坡草长不得高于15厘米

4.2.3 在工程主体适合种植树木和植物的部位，栽种对白蚁具有驱避作用的林木和植物；在较大面积栽种树木时，应尽量营造混交林，特别是种植有白蚁喜食的林木时，应相应种植对白蚁有驱避作用的林木

4.2.4 白蚁分群季节（3～6月），除特殊情况外，不在主体工程上开灯、用光

4.2.5 保护和利用白蚁的天敌，如蟾蜍、蛙类、蜘蛛、蝙蝠和鸟类

4.2.6 不在主体工程上堆放木材和柴草，及时清除主体工程和蚁源区白蚁喜食的物料

4.3 防治方法

4.3.1 对存在白蚁危害的水利工程，统一执行"三环节、八程序"［即"找、标、杀"，"找、标、灌"，"找、杀（防）"］堤坝白蚁防治技术。新建、改（扩）建、除险加固、达标加固水利工程项目白蚁防治方案须由水利工程白蚁防治单位出具白蚁防治专题报告，白蚁防治专题报告内容包括工程概况、蚁情检查或安全鉴定、防治方案、图纸、工程量清单、单价分析、工程概（估）算、施工组织等

4.3.2 水利工程白蚁灭治后，必须对蚁巢进行灌浆处理

4.3.3 堤坝白蚁防治严禁毒土灭蚁和挖巢捉蚁破坏堤坝

5 白蚁防治药物管理

5.1 水利工程白蚁防治使用的药物必须环保、低毒,对人畜无害

5.2 药物应设专人管理,有健全的管理制度(建立购买和领用台账),同时应配置一定的急救用品

5.3 药物必须储存在专用仓库或专用储存室(柜)内,贮藏场所应坚固、通风、干燥、低温,并且有防火、防爆、防盗等专门设施,应当符合有关的安全防火规定

5.4 药物须根据其毒性和理化性质分门别类放置,统筹安排

5.5 监测装置、物理屏障材料应与化学药物存放在不同仓库,以免被化学药物污染,影响效果

5.6 定期检测施药器械和设备,保证其性能良好,同时不得将其挪作他用,以免污染其他物品

5.7 施药结束后,应及时清洗配药容器和施药器械,清洗产生的含药污水不得随意倾倒;药物容器应集中处理,不得随意丢弃,用剩的药物应运回仓库妥善保管

5.8 装卸药物时应当小心轻放,严禁撞击、拖拉和倾倒,以防药物泄漏,污染环境

5.9 运输时严禁人和药物混载,药物严禁与食物一起存放

5.10 施药人员应注意卫生,全程配戴口罩和橡胶手套,施药中不要吸烟、喝水和吃食物,施药后及时洗手和清除身上残留药物

6 无蚁害堤坝验收

6.1 无蚁害堤坝标准

6.1.1 无蚁害堤坝是指堤坝及其周边50m范围,已查不到白蚁活动迹象,白蚁防治工作已进入预防(诱杀堤坝周边200m范围内蚁源区)为主阶段的堤坝

6.1.2 无蚁害堤坝蚁情:执行我省"三环节、八程序"防治技术灭蚁并对巢灌浆后,在堤坝体及其周边50m范围内,经多次寻找不出白蚁活动迹象。即在白蚁活动旺季,土工建筑物表面每$50m^2$设置引诱物一处,一星期左右(以温湿天气为准,干旱时需人工洒水)检查观察一次,连续3次以上寻找不出白蚁取食迹象;并在近堤坝50m周边找不到成年巢分群孔,且在2000 m^2堤坝蚁源区发现泥被、泥线等白蚁活动迹象不

超过1处

6.1.3 无蚁害堤坝蚁巢充填：灭蚁后堤坝体内的死巢洞穴，已进行对巢充填灌浆，经锥孔或挖坑抽查，充填度达95%以上；对蚁害严重、蚁巢密度大，分析巢位充填灌浆无把握而实施浅灌密灌轮番充填灌浆3次以上，经抽查充填度在95%以上；对历史上经灭蚁后的蚁巢洞穴处理不完善，特别是处于原山坡接头或与堤坝体组成的小山包处遗留下的蚁巢洞穴，已通过分析予以妥善补填复灌

6.1.4 无蚁害堤坝蚁患影响：在挡水位超过正常水位或工程加固灌浆时，无因蚁患造成漏水、漏浆等现象

6.2 无蚁害堤坝验收条件

6.2.1 领导重视：有专业防治人员，治蚁经费落实，堤坝工程无遭受白蚁危害或周边200m范围内无蚁源孳生地的工程；水利工程管理单位要有一位领导分管白蚁防治工作，有专职白蚁防治技术人员，常年进行白蚁防治；大型工程设水利白蚁防治小组，与县、市水行政主管部门治蚁领导小组、省水利工程白蚁防治中心形成防治网络；结合工程实际情况，制订白蚁防治计划，落实治蚁经费；坚持有蚁早治，无蚁必防

6.2.2 堤坝蚁情清晰：水利工程管理单位已建立白蚁防治档案，包括：①工程兴建时清基处理蚁害情况；②竣工后发现白蚁（尤以出现分群孔）时间、蚁种、坐标位置、危害程度、治理措施及效果；③当前工程蚁害状况

6.2.3 执行我省"三环节、八程序"堤坝白蚁防治技术，在近年内坚持：①寻找白蚁外露特征，防治人员随身携带诱饵，抓住有利时机查找，见蚁（巢外）投饵，并标志记录好投饵点等，按"找、标、杀"程序消灭堤坝白蚁；②寻找并标志记录好炭棒菌、鸡枞菌和分群孔与巢位关系等综合分析巢位，用轻便型灌浆机对巢灌浆，按"找、标、灌"程序充填死巢洞穴；③当堤坝体白蚁得到有效灭杀时，同步开展对堤坝外200m蚁源区（尤其50m近区）自近而远，见蚁投饵诱杀蚁源，实施预防蚁害的"找、杀、（防）"程序

6.2.4 坚持防治工作的连续性：以6.2.3条为准则，周而复始，在一宗工程上连续实施两年，每年不少于27次循环。即除12、1、2月份外，其余9个月，平均10天（视气候而定）为一周期，重复实施一次有效防治措施

6.3 无蚁害堤坝达标后续工作

6.3.1 继续坚持全面普查观察：经验收达标后进入以防为主的两年内，仍需坚持对堤坝体全面普查观察。重点可在每年3～6月和9～11月，开展对200m蚁源区自近至远的诱杀工作，保证不让成年巢体产生

6.3.2 加强科研工作：我省各级堤坝白蚁防治队伍应加强科研工作，探索更为经济可行的堤坝白蚁防治新技术和新药械；积极开展水利工程白蚁防治的研究及应用，把我省水利工程白蚁防治工作推向前进

附录 A 白蚁蚁害安全鉴定用表

A1 广东省水库白蚁蚁害安全鉴定登记表

水库名称			主管部门		
估计白蚁巢数（按分群孔、鸡枞菌处数推断，一处一巢）	合 计	主 坝	副 坝	其 他
	水库类型		危害程度	穿坝高程	穿坝桩号

主要蚁害现状

分群孔、鸡枞菌分布平面示意图（标明高程、桩号，可列表）

泥线、泥被分布平面示意图（标明高程、桩号，可列表）

水库白蚁蚁害安全鉴定结论 （判断白蚁危害程度、大坝类别）
白蚁蚁害安全鉴定专家组组长签名 年　月　日
水库管理单位意见 （提出白蚁防治措施）
水库管理单位负责人签字（单位盖章） 年　月　日

A2　广东省堤防（渠道）白蚁蚁害安全鉴定登记表

堤防名称		管理单位		堤防级别	
检查起点		检查终点		检查长度	
估计白蚁巢数（同水库推断办法）		危害程度		是否穿堤	
穿堤高程			穿堤桩号		
主要蚁害现状					
分群孔、鸡㙡菌分布平面示意图（标明高程、桩号，可列表）					
泥线、泥被分布平面示意图（标明高程、桩号，可列表）					

堤防（渠道）白蚁蚁害安全鉴定结论 （判断白蚁危害程度、堤坝类别）
        白蚁蚁害安全鉴定专家组组长签名 年　月　日
管理单位意见 （提出白蚁防治措施）
          堤防（渠道）管理单位负责人签字（单位盖章） 年　月　日

附录 B 图例图示

水利工程白蚁危害分布图图例

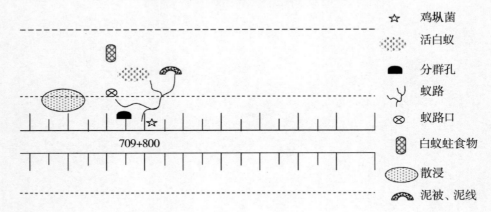

附录 C　白蚁蚁害安全鉴定报告要求

1. 工程概况

（1）本单位的简要介绍性文字。
（2）安全鉴定依据、规范和标准。
（3）拟采取的鉴定检查方式。
（4）其他需要说明的文字。

2. 鉴定检查情况及鉴定结论

（1）白蚁蚁害鉴定检查情况。
（2）白蚁蚁害安全鉴定结论，包括危害程度和防治方案。
（3）广东省水利工程白蚁蚁害安全鉴定登记表。

3. 附件

（1）安全鉴定检查日志。
（2）白蚁危害分布图（严重危害程度以上的要附详细图）。
（3）白蚁蚁害安全鉴定检查现场及相关照片。
（4）白蚁蚁害安全鉴定专家签名表。
（5）白蚁蚁害安全鉴定专家组长学历及职称证书复印件。

附件2　广东省水利白蚁防治单位建立信用档案申请表

收件编号：粤水蚁（　）第　号				收件日期：　　　年　月　日			
申报单位名称				联系人			
单位地址				电话			
邮　编				邮　箱			
	姓　名	所学专业	职　称	年　龄	性　别	电　话	
法人代表							
技术负责人							
序　号	提交资料（原件备查）				提交情况	备　注	
1	营业执照副本复印件					提交情况由广东省水利工程白蚁防治中心填写	
2	税务登记证副本复印件						
3	组织机构代码证复印件						
4	法人身份证复印件						
5	代理人身份证复印件						
6	上月员工养老保险个人账户或单位社保申报汇总表（加盖社保或地税局公章）						
7	技术负责人学历、职称证书复印件						
8	堤坝白蚁防治工证书复印件（4人以上）						
（建立信用档案申请材料属实） 企业法人签名： 　　　　年　月　日							

5.2 《新建房屋白蚁预防技术规程》

（广东省地方标准 DB44/T 857-2011）

1 范围

本标准规定了新建房屋白蚁预防设计、药物、施工、验收和复查方法。
本标准适用于新建房屋白蚁的预防。

2 规范性引用文件

下列文件对于本文件的应用是必不可少的。凡是注日期的引用文件，仅所注日期的版本适用于本文件。凡是不注日期的引用文件，其最新版本（包括所有的修改单）适用于本文件。
GB 50206 木结构工程施工质量验收规范

3 术语和定义

下列术语和定义适用于本文件。

3.1 新建房屋白蚁预防（termite control in new-buildings）

对新建房屋（含建筑物、构筑物）采取相应的技术措施，防止白蚁对房屋造成为害的行为，包括房屋防蚁设计、监测控制系统、化学药物处理、物理屏障等。

3.2 白蚁监测控制系统（monitor-controlling system for termite control）

白蚁监测控制系统，是指在房屋及周边环境中设置监测装置，并在其中放置饵料，对白蚁的活动进行监测，在监测装置中发现白蚁侵入后，通过喷粉或者投放饵剂等方式消灭白蚁巢群，控制区域内的白蚁分布密度，从而达到防止白蚁危害房屋建筑的一整套白蚁防治系统。监测控制系统主要包括监测装置、饵料、检测装置、饵剂等组件。

3.3 监测装置（monitor device）

盛放饵料、饵剂用于监测控制白蚁活动的装置。

3.4 饵料（lignocellulose material）

饵料，是指安装在白蚁监测装置中，供白蚁取食的物质。饵料不含白蚁防治药物，其材料多数采用木片，通常添加了引诱剂、取食刺激剂或标记信息素等，用于诱集白蚁。在商品中有时也被称作饵木、饵片、白蚁诱集器等。

3.5 饵剂（bait）

饵剂，是指在饵料中添加了杀白蚁药物，对白蚁具有引诱、喂食、杀灭作用的一类白蚁防治药剂。常用饵剂有纸卷状、粒状、粉状、胶状、块状等。

3.6 土壤化学屏障（chemical soil barriers）

通过药物处理房屋基础土壤，在房屋基础地面下及周边形成含有白蚁防治药物的土壤，防止白蚁侵入房屋的屏障，包括垂直屏障和水平屏障。

3.7 垂直屏障（vertical barrier）

使用白蚁防治药物处理房屋地基和周边垂直方向的土壤而形成的化学药物屏障，防止白蚁从水平方向入侵房屋。

3.8 水平屏障（horizontal barrier）

使用白蚁防治药物处理房屋地基和周边水平方向的土壤而形成的化学药物土壤屏障，防止白蚁从垂直方向入侵房屋。

3.9 木材防护剂（wood preservative）

能毒杀或抑制真菌、昆虫等生物因子，保护木材不受侵害的化学物质。

3.10 涂刷法（painting method）

采用毛刷、滚筒等工具将白蚁防治药物涂刷于物体表面的一种白蚁防治处理方法。

3.11 喷洒法（spraying method）

采用喷洒器械将白蚁防治药物喷洒在物体表面的一种白蚁防治处理方法。

3.12 浸渍法（dipping method）

将木构件放入药液中处理一定时间，使木材吸取一定剂量的木材防护剂，从而使木构件具有防蚁功能的处理方法。包括常温浸渍、冷热槽和加压处理三种方法。

4 一般要求

4.1 白蚁防治单位应取得相关部门核发的资质证书，操作人员应经过专业技术培训，持证上岗

4.2 工地白蚁检查及处理

白蚁防治单位应检查房屋地基及周边 50m 范围的白蚁为害，并对检查中发现的白蚁采取相应的灭治处理措施，以减少房屋被白蚁侵入为害的危险（参见附录 A、B）。

4.3 施工现场的准备与配合

4.3.1 房屋建筑施工单位应清除地基中所有树根、树木及其他含木质纤维的杂物

4.3.2 回填材料应分层夯实，不得含有木质杂物

4.3.3 房屋建筑施工单位应清除施工过程中使用的木模板、木枋等木质杂物。难以清除的，白蚁防治单位应在回填或封闭前用药物进行处理

4.3.4 园林绿化施工单位在移栽树木前，应对树木进行白蚁为害检查。如发现树木有白蚁群体，应采取措施进行处理

4.4 白蚁防治药物

4.4.1 白蚁防治药物农药登记证中的防治对象应包含白蚁

4.4.2 白蚁防治药物应送专业检测机构检测合格后方可使用

4.4.3 白蚁防治药物的用药量应符合农药登记证的规定

4.4.4 白蚁防治药物管理

4.4.4.1 药物应储存在专用仓库内，配备专人管理，并有健全的出入登记制度和应急措施。

4.4.4.2 药物专用仓库应满足白蚁防治药物的存放条件和要求，并配备合适的通风、防火、防爆、防洪、报警等安全设施。

4.4.4.3 白蚁监测控制系统应与化学药物分仓存放，以免化学药物对监测饵料造成污染，影响效果。

4.4.4.4 药物运输时不得人药混载。装卸药物时应当轻放，不得撞击、拖拉和倾倒，以防药物泄漏危害人畜安全并造成环境污染。

4.4.4.5 施药结束后，应及时清洗配药容器和施工器械。清洗产生的含药污水不得随意倾倒；药物容器应集中处理，不得随意丢弃；剩余药物须运回仓库妥善保管。

4.5 施工安全防护

4.5.1 房屋白蚁预防施工现场应设立警示标志。其他专业施工人员不得在化学药物处理区域和处理期间施工或逗留

4.5.2 施工人员应经过专业技术培训，熟悉施工器械的使用，熟悉药物的安全使用规定及现场急救措施

4.5.3 凡皮肤病患者、有禁忌症的人员以及"三期"（即经期、孕期、哺乳期）妇女不得从事配药和施药工作

4.5.4 施工人员在进行化学药物处理时，应穿长袖棉质工作服，戴安全帽、防毒口罩、防护眼镜、防护手套和防护鞋

4.5.5 不得在施工现场和操作期间吸烟和进食

4.5.6 在室内进行药物喷洒时，应保持通风良好

4.5.7 定期检查保养施药器械和所有密封套垫及断流阀，不得使用质量低劣或性能不稳定的器械，不得把施工器械挪作他用

4.5.8 施药人员每次连续作业时间不得超过2小时，每天接触药物时间累计不得超过5小时

4.5.9 操作完毕后应及时用肥皂清洗手、脸等外露部位，并及时更换工作服

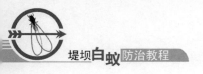

4.5.10 施药结束后,应及时清洗器械;药物空瓶或装盛过药物的容器应妥善处理,不得随意丢弃或挪作他用;配制好而暂时未用的药液应运回仓库保管,不得在现场随意处置

4.5.11 施药处理完毕后,应向有关的专业施工单位说明安全注意事项

4.5.12 发生人员药物中毒时,应立即采取急救措施(参见附录C),并携带药物标签送医院诊治

4.6 白蚁预防体系的维护

房屋所有者和使用者负有维护白蚁预防体系有效性和完整性的责任。下列的任何行为,都有可能导致整个预防体系的防蚁效果变差甚至失效:

(1) 土壤化学屏障被破坏(建花园、草坪,修排水沟,铺设地下电缆或者被动物挖掘破坏)。

(2) 在室外白蚁监测控制系统安装区域喷施杀虫剂或白蚁监测控制系统受到破坏。

(3) 搭建与房屋接触的附属设施,包括杂物间、棚架、楼梯、停车房等。

(4) 室内、外地基被填高或降低。

(5) 室内原来经过预防处理的结构被改建。

(6) 将已受白蚁为害的物品带入房屋,或将易受白蚁为害的物品堆放于建筑物的外墙。

房屋所有者和使用者在做出上述行为之前,应与白蚁防治单位联系,共同商讨预防措施,以确保整个白蚁预防体系的有效性和完整性。

5 房屋白蚁预防设计

5.1 房屋建筑设计时,对木构件应从设计上采取通风和防潮措施

5.2 做好室内外的给排水和防水设计,保持地面干燥

5.3 地下室和1~3层,宜减少木构件的使用

5.4 卫生间、厨房、排水管附近墙体等近水源的部位,宜采用砌体或混凝土墙体结构,并减少木构件的使用

5.5 底层楼梯下部不宜作封闭间使用

5.6 屋顶绿化工程应在屋顶原防水保护层上铺设阻根防水层,并选用具有抗白蚁能力的树种

5.7 无地下室建筑物首层所有的木柱、木楼梯、木门框等木构件均不应直接接触土壤,地面应做防潮处理

5.8 电缆沟内的电缆支架,不得使用木材、塑料等易被白蚁蛀食的材料

6 土壤白蚁预防

6.1 总则

新建房屋地基周围的土壤,应根据具体的建筑类型,设置土壤化学屏障或安装地下白蚁监测装置。

6.2 土壤化学屏障的设置

6.2.1 在进行化学药物处理之前,土壤应做好以下准备

(1) 清除土壤中所有含木纤维的杂物及其他建筑废弃物。
(2) 粘土和坡度较大的地面,应将深度≥50mm 的土壤表层翻松以蓄留药液。
(3) 干燥疏松的砂质土或透水性土壤,应用水淋湿以防止药液流失。

6.2.2 土壤化学屏障包括垂直屏障和水平屏障两种,设置位置和屏障类型应符合表1、图1和图2的规定

表1 土壤化学屏障的设置方法

房屋类型	设置位置	屏障类型
无地下室房屋	墙体两侧	垂直屏障
	室内地坪	水平屏障
有地下室房屋	首层外墙外侧	垂直屏障

注:地下室底板下方不需要设置水平屏障。

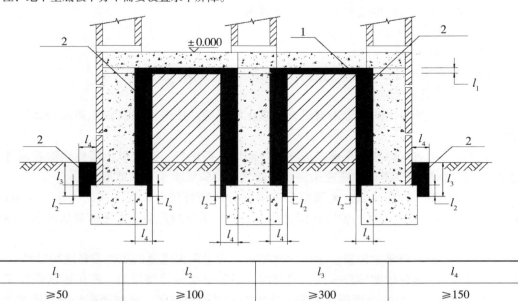

l_1	l_2	l_3	l_4
≥50	≥100	≥300	≥150

说明:1——水平屏障 2——垂直屏障(单位:毫米).

图1 无地下室房屋土壤化学屏障的设置

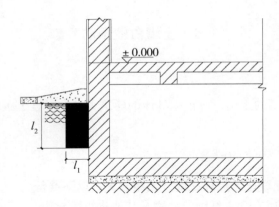

l_1	l_2
≥150	≥300

(单位：毫米)

图 2　有地下室房屋土壤化学屏障的设置

6.2.3　垂直屏障的设置应符合以下要求

（1）深度：深度≥300mm，向下延伸至墙体下方≥100mm；宽度≥150mm。

（2）药液量 80L/m^2～100L/m^2。

（3）紧贴基础和墙体。

（4）包围所有进出管道。

（5）首尾连接。

6.2.4　水平屏障的设置应符合以下要求

（1）深度≥50mm。

（2）药液量 4L/m^2～5L/m^2。

（3）在混凝土垫层下方保持连续，包围所有进出管道。

（4）与垂直屏障连接。

6.2.5　房屋排水沟位置不得设置土壤化学屏障，应采用安装白蚁监测控制系统的方法

6.2.6　垂直屏障和水平屏障应在地坪回填之后进行，药液被土层完全吸收后才能进行地面工程施工，不得在药液未完全渗透之前浇筑混凝土垫层或底板

6.2.7　露天施药区域在大雨前后不得进行药物处理。设置完成的土壤化学屏障，应在药液完全渗透之后尽快安排地面工程施工，或采取措施防止雨水和建筑施工用水的冲刷和浸泡

6.2.8　采用喷洒法设置土壤化学屏障时，应选用大流量低压力设备顺风喷洒

6.2.9　土壤化学屏障应一次设置完成，不能一次设置完成的，应依照房屋施工进度分次进行处理，并在平面图上标明每次施工的范围和时间，每次施药处理必须和上一次施工位置相衔接，以保证整个土壤化学屏障的完整性和连续性

6.2.10　完工后的垂直屏障应保持首尾衔接，水平屏障应与垂直屏障相互衔接，

防止白蚁通过屏障空隙进入房屋

6.2.11 地面工程已完成的房屋，可紧贴基础墙钻孔灌药，孔的直径10mm～20mm，孔距≤500mm，每孔灌注药液2L～3L，处理完毕后填塞孔道复原

6.3 白蚁监测控制系统

6.3.1 房屋室外地坪可安装白蚁监测控制系统，用于代替室外土壤化学屏障

6.3.2 白蚁监测控制系统应符合下列规定

（1）监测装置应具有注册商标、说明书、合格证，电子监测装置应符合国家有关电子装置相关检测标准。

（2）饵料应为房屋所处区域主要白蚁种类喜食的物料，并做好防霉处理。

（3）饵剂应取得农药登记证，登记对象应包含白蚁。

6.3.3 运输白蚁监测控制系统应采用洁净无污染的车辆，分装应采用可以密封的专用容具

6.3.4 白蚁监测装置的安装

白蚁监测装置应在房屋建成、室外绿化完工后，房屋整体交付使用前安装。

安装之前应掌握安装区域地下管线分布情况，避免安装监测装置时造成破坏。

白蚁监测装置宜安装在房屋四周、离外墙300mm～1000mm范围内的土壤中。有散水坡的，沿散水坡外沿100mm～500mm范围内安装。安装的间距宜为3000mm～5000mm。

监测装置的安装应符合使用说明书的要求。

注：对人为活动较为频繁、管理条件较差的安装环境，应选择埋设在地表以下的监测装置，监测装置上覆盖30mm～50mm的土壤。

6.3.5 白蚁监测装置的检查

安装白蚁监测装置后，监测装置内发现白蚁后，应定期进行检查。检查的频次和时间应符合以下规定：

（1）安装后的检查频次与时间：

乳白蚁：一年检查≥4次，检查时间为3～11月。

散白蚁：一年检查≥3次，检查时间为3～11月。

（2）发现白蚁后的检查频次和时间：

乳白蚁：每2～3周检查一次，投放饵剂后，每2周检查1次，直至白蚁群体被杀灭。

散白蚁：每3～4周检查一次，投放饵剂后，每2周检查一次，直至白蚁群体被杀灭。

6.3.6 监测到白蚁后的处理

（1）当监测装置内发现白蚁，饵料被消耗1/4～1/3时，应将饵料换成饵剂，并定时检查。

（2）当饵剂被消耗2/3～3/4，且尚有白蚁时，应添加饵剂，至白蚁群体彻底消灭。如白蚁数量很多，需在四周50cm范围内添加一定数量的监测装置。

（3）当一个白蚁群体被杀灭后，需对各个地下型监测装置进行清理，重新放入饵

料或安装新的监测装置对白蚁活动进行监测，一旦监测到新的白蚁活动，可再次启动白蚁杀灭程序。

6.3.7　监测控制系统安装后，应做好以下维护

（1）更换损坏的监测装置，补充丢失的监测装置。

（2）更换监测装置内发霉、腐烂的饵料。

（3）调整松动、积水和遭破坏的监测装置的安装位置。

（4）清除监测装置四周的灌木、杂草，清除监测装置内的泥土、树根、草根。

（5）驱赶进入监测装置内的其他昆虫和小动物。

（6）根据房屋四周的土壤、绿化等环境发生的变化，调整监测装置的安装位置或增减监测装置的数量。

7　房屋主体白蚁预防

7.1　白蚁防治单位应按表2的规定，对房屋主体的相关部位进行白蚁预防处理

7.2　应确保各处理部位在完工后附着的药物有效成分含量达到农药登记证中的要求，药液使用量和使用浓度可根据现场情况进行调整

7.3　砌体墙的防白蚁处理应在墙体砌筑完成并基本干透后才能进行，药液喷洒应均匀。建筑施工单位应掌握好施药后砌体的湿度，及时进行抹灰，抹灰前不得再淋水润湿墙面

7.4　除管道竖井和电梯井外，石材或混凝土的表面不得施用白蚁防治药物

7.5　沉降缝、伸缩缝内的杂物应在封闭之前进行清理。难以清理的，应灌注药液进行处理

表2　房屋主体的白蚁预防处理范围

处理部位	处理范围
砌体墙	地下室及首层砌体墙的两侧自地面计800mm～1000mm，2～30层外墙内侧及内墙两侧自地面计400mm～500mm
管道竖井、电梯井	3层及以下楼层的管井内壁
门窗预留洞口	室内所有门窗预留洞口
沉降缝、伸缩缝	3层及以下的沉降缝、伸缩缝两侧及底部
管道出入口	管道周边≥300mm宽、≥300mm厚的土壤
电缆沟	电缆沟底部及两侧≥300mm厚的土壤

8 装饰装修白蚁预防

8.1 装饰装修工程的木构件应进行白蚁预防处理,处理材料可采用白蚁预防药物或木材防护剂

8.2 采用白蚁预防药物处理时,处理部位及处理方法应符合表3的规定

表3 装饰装修工程木构件药物处理部位和方法

装饰装修项目	白蚁预防处理部位	处理方法
1. 吊顶工程	木吊杆、木龙骨、造型木板	涂刷法、喷洒法
2. 轻质隔墙工程	木龙骨、胶合板	涂刷法、喷洒法
3. 木门窗	门窗框与预留洞口的接触部位、固定用木砖	涂刷法、浸渍法
4. 细部工程		
4.1 木门窗套	预埋木砖、方木搁栅骨架、与墙体对应的基层板	涂刷法、浸渍法
4.2 木窗帘盒	窗帘盒底板	涂刷法
4.3 固定木橱柜	靠墙侧板、底板	涂刷法
4.4 木扶手、护栏	近地端500mm	涂刷法
4.5 木花饰	贴墙部分	涂刷法
5. 墙面铺装工程	木砖、木楔、木龙骨、木质基层板、木踢脚	涂刷法、喷洒法、浸渍法
6. 地面铺装工程	木龙骨、垫木、毛地板	涂刷法、喷洒法、浸渍法

8.3 采用木材防护剂处理装饰装修时,应按照GB 50206规定的方法

8.4 装饰装修白蚁预防处理应在木构件的加工成型后、防火防潮处理前进行

8.5 木构件经白蚁预防药物处理后,应避免重新切割或钻孔;确有必要做局部修整时,对新形成的断面应进行重新处理

8.6 采用涂刷法或喷洒法处理木构件时,应保证每平方米木构件表面吸收药剂≥200ml,裂缝处应采用药剂浸透。对室外用材以及室内与地面接触的用材,不宜采用涂刷法或喷洒法

8.7 采用常温浸渍法时,应根据木构件的树种、截面尺寸和含水率等因素来确定浸渍时间和药物的浓度,以确保达到要求的药物或木材防护剂的吸收量

8.8 木饰面板、石膏板、矿棉装饰吸音板不能用药液进行处理,以防

止变形、变色

9 验收

9.1 新建房屋白蚁预防工程验收分为中间验收和竣工验收两部分

9.2 白蚁防治单位对阶段性完成施工的部位，在自检合格后，应及时会同有关单位进行中间验收。建设单位可根据需要对土壤化学屏障和木构件进行抽样检测。药物样本和施药部位样本的检测应委托有资质的专业检测机构负责

9.3 药物处理阶段完成后，白蚁防治单位应及时整理相关施工资料，进行验收前自检。自检合格后，会同建设单位、监理单位及相关行政主管部门共同进行竣工验收，确认合格后填写《白蚁预防工程竣工验收证明书》

9.4 新建房屋白蚁预防工程的验收应包括以下项目

（1）工地范围及周边场所蚁患的检查与处理。
（2）土壤化学屏障的建立。
（3）房屋主体的处理。
（4）装饰装修的处理。
（5）设计中要求处理的其他项目（如地下白蚁监测装置的安装等）。

9.5 竣工验收资料应符合表4的有关规定

表4 新建房屋白蚁预防工程竣工验收资料项目和内容

资料项目	资料内容
1. 资格文件	工程合同及相关附件、营业执照、资质证书
2. 综合管理记录	工程开工报审表、施工组织设计报审表、中间验收记录、工程质量事故记录、完工总结
3. 产品质量证明文件	工程材料报审表、生产许可证、农药登记证、产品合格证、检测报告
4. 施工记录	每次施工的现场签证记录

9.6 白蚁预防工程验收合格后，应将有关工程验收资料存档

10 复查

10.1 新建房屋白蚁预防工程竣工验收后，应定期进行复查

10.2 新建房屋白蚁预防合同中，应明确合同有效期内的复查责任

10.3 合同期内，白蚁防治单位每年应对房屋复查不少于一次，复查时间宜安排在白蚁活动较频繁、白蚁外露特征比较明显的3～11月。房屋所在区域白蚁密度较高或木构件应用较多的房屋，应适当增加复查次数

10.4 安装白蚁监测控制系统的房屋，检查频次和时间应符合6.3.5的规定

10.5 在复查过程中如发现白蚁为害，应对相同及相邻楼层的所有范围进行细致的检查，对白蚁进行采样并鉴定白蚁种类，然后根据不同的白蚁种类，参照附录C选择适当的方法进行处理

10.6 在地下室或首层发现白蚁时，除对建筑物内部进行检查外，还应扩大检查区域如管线进出口、室外大型树木等，并及时采取措施，清除房屋四周可能存在的白蚁

10.7 发现白蚁防护体系的预防效果降低或失效时，应及时采取措施进行补充处理

10.8 复查完成后，应填写《白蚁预防工程回访复查表》（参见附录D），会同房屋使用者或物业管理单位共同签字，存档备查

5.3 《建筑物白蚁防治技术规范》

（广州市地方技术规范 DBJ440100/T 190 – 2013）

1 范围

本规范规定了建筑物白蚁防治的术语和定义、白蚁预防、白蚁灭治、药物的使用和安全防治。

本规范适用于建筑物及其附属设施的白蚁预防和灭治工程的设计与施工。

建筑物及其附属设施的白蚁防治工程除符合本规范外，还应符合国家现行法律、法规及有关标准规范的规定。

2 规范性引用文件

下列文件对于本文件的应用是必不可少的。凡是注日期的引用文件，仅注日期的版本适用于本文件。凡是不注日期的引用文件，其最新版本（包括所有的修改单）适用于本文件。

DB44/T 857 – 2011 新建房屋白蚁预防技术规程

3 术语和定义

DB44/T 857-2011 界定的以及下列术语和定义适用于本文件，为了便于使用，以下重复列出了 DB44/T 857-2011 中的某些术语和定义。

3.1 土壤化学屏障

通过药物处理房屋基础土壤，在房屋基础地面下及周边形成含有白蚁防治药物的土壤，防止白蚁侵入房屋的屏障，包括垂直屏障和水平屏障。[DB44/T 857-2011，定义3.6]

3.2 垂直屏障

使用白蚁防治药物处理房屋地基和周边垂直方向的土壤而形成的化学药物屏障，防止白蚁从水平方向入侵房屋。[DB44/T 857-2011，定义3.7]

3.3 水平屏障

使用白蚁防治药物处理房屋地基和周边水平方向的土壤而形成的化学药物土壤屏障，防止白蚁从垂直方向入侵房屋。[DB44/T 857-2011，定义3.8]

3.4 木材防护剂

能毒杀或抑制真菌、昆虫等生物因子，保护木材不受侵害的化学物质。[DB44/T 857-2011，定义3.9]

3.5 涂刷法

采用毛刷、滚筒等工具将白蚁防治药物涂刷于物体表面的一种白蚁防治处理方法。[DB44/T 857-2011，定义3.10]

3.6 喷洒法

采用喷洒器械将白蚁防治药物喷洒在物体表面的一种白蚁防治处理方法。[DB44/T 857-2011，定义3.11]

3.7 浸渍法

将木构件放入药液中处理一定时间，使木材吸取一定剂量的木材防护剂，从而使木构件具有防蚁功能的处理方法。包括常温浸渍、冷热槽和加压处理三种方法。[DB44/T 857-2011，定义3.12]

3.8 白蚁监测控制系统

通过在房屋及周边环境中设置监测装置，并在其中放置饵料，对白蚁的活动进行监测。

3.9 监测装置

盛放饵料、饵剂用于监测控制白蚁活动的装置。[DB44/T 857–2011,定义3.3]

3.10 饵料

安装在白蚁监测装置中,供白蚁取食的物质。饵料不含白蚁防治药物,其材料多数采用木片,通常添加了引诱剂、取食刺激剂或标记信息素等,用于诱集白蚁。在商品中有时也被称作饵木、饵片、白蚁诱集器等。[DB44/T 857–2011,定义3.4]

3.11 饵剂

在饵料中添加了杀白蚁药物,对白蚁具有引诱、喂食、杀灭作用的一类白蚁防治药剂。常用饵剂有纸卷状、粒状、粉状、胶状、块状等。[DB44/T 857–2011,定义3.5]

3.12 喷粉

使用专用器具将粉末状药剂喷撒在靶标物上的一种白蚁灭治技术。

4 白蚁预防

4.1 一般规定

预防工程施工前应进行蚁患调查,根据调查情况制订施工方案;预防工程进行时,应对施工的情况和过程作现场记录;完工后,应有工程完工验收报告;验收后应建立预防工程技术档案。

4.2 新建房屋

4.2.1 预防设计规定

预防设计应符合以下规定:

(1) 宜减少木构件的使用,对必须使用的木构件应保持通风和防潮。
(2) 做好室内外的给排水和防水设计,保持地面干燥。
(3) 卫生间、厨房、排水管附近墙体等近水源的部位,宜采用砌体或混凝土墙体结构,并减少木构件的使用。
(4) 屋顶绿化工程应在屋顶原防水保护层上铺设阻根防水层,并选用具有抗白蚁能力的树种。
(5) 底层楼梯下部不宜作封闭间使用。
(6) 无地下室房屋首层所有的木柱、木楼梯、木门框等木构件均不应直接接触土壤,地面应做防潮处理。
(7) 电缆沟内的电缆支架,不得使用木材、塑料等易被白蚁蛀食的材料。

4.2.2 处理方法和要求

4.2.2.1 物理屏障

4.2.2.1.1 分类

物理屏障主要有颗粒屏障法、不锈钢网筛法、防护板法和防水膜法。

4.2.2.1.2 颗粒屏障法

颗粒屏障法的处理方法及要求如下：

（1）采用颗粒直径在 1mm～3mm 之间的各类砂子、砂石或特殊的岩石颗粒（如玄武岩颗粒），设置成阻止白蚁进入房屋的屏障。

（2）墙基的回填土沟、地表排水沟设置屏障时应注意：在屋檐、屋顶排水管、房屋四周的排水沟和地表水导流渠砂粒作为回填土使用时，应将砂粒夯紧，但不能造成墙基开裂；围栏柱下方、地下电缆、水管和煤气管道、线缆和电线杆、中空磁砖、挡土墙、屋墩和梁柱下面、混凝土墙基下方、地基与混凝土走廊、阳台、天井和台阶之间也应设置屏障。

（3）混凝土颗粒屏障的铺设应在混凝土浇灌前进行。将粒径大小合适的颗粒，铺在地基四周沟渠、墙基空隙、墙体空腔、围栏地基、廊柱下、护墙底和装饰板里面。在紧靠墙基的土壤表面或壕沟内铺设颗粒带时，颗粒带的宽度应不小于100mm，厚度应不小于100mm，颗粒铺设需连续均匀，铺好后，应将颗粒夯紧；房屋四周的颗粒屏障带，应覆盖石板、砖块或浇灌混凝土。

4.2.2.1.3 不锈钢网筛法

不锈钢网筛法的处理方法及要求如下：

（1）应采用材质坚硬、抗氧化性强、耐侵蚀的不锈钢筛网，网孔直径不超过 0.5mm。

（2）可用于墙基、柱墩等需防白蚁侵入的部位。

（3）铺设后应在其上面浇灌混凝土。

4.2.2.1.4 防护板法

防护板法的处理方法及要求如下：

（1）利用密封性、承压性、耐腐性较好的金属板或塑料板铺在墙基、柱墩等部位，将建筑物地基以上部分与地基隔开。

（2）用于墙基、柱墩等需防白蚁侵入的部位。

（3）承受墙体重量的防护板应使用金属板，金属板屏障必须焊接密实，不能有缝隙，且只能用于新建建筑物，贴脚线防护板应使用塑料板。

（4）金属板采用焊接方式封口，塑料板用沥青类化合物填充封口。

4.2.2.1.5 防水膜法

防水膜法的处理方法及要求如下：

（1）使用粘贴型沥青薄膜或填埋型橡胶沥青薄膜。

（2）用于墙基、柱墩等部位。

（3）直接粘贴或填埋。

4.2.2.2 化学屏障

4.2.2.2.1 基础、框架和墙体

4.2.2.2.1.1 对各类型房屋基础，如板式基础、桩基础、挡墙（堡坎）基础等，应设置连续的化学土壤屏障，在做墙身砌体前，对基础内、外侧进行药液喷洒处理，处理应符合下列要求：

（1）构建土壤化学屏障前，应清除土壤中所有含木纤维的杂物及其他建筑废弃物。

（2）需要设置水平土壤屏障的部位有：无地下室的室内地坪或标高 -3m 以上的地下室基础底板下、房屋四周（散水坡）下、变形缝和地下电缆沟的下部土壤。

（3）水平土壤屏障药液使用剂量应不低于 $3L/m^2$、深度不应少于 50mm、在底板下面和四周应保持连续（外墙外侧地坪下宽度不应少于 300mm），并紧贴基础墙的两侧面设置。

（4）需要设置垂直土壤屏障的部位有基础墙两侧、房屋四周外墙外侧、柱基、桩基、沿柱、桩四周和地下电缆沟两侧的土壤。

（5）垂直土壤屏障药液使用剂量应不低于 $25L/m^2$、宽度不应少于 150mm、深度应延伸至基础梁以下，不少于 100mm，房屋建筑与土壤之间的所有连接部位均应设置，并与水平屏障连接。

4.2.2.2.1.2　对设有架空防潮层的各种基础，在盖板封闭前，对盖板下的地坪及墙面进行药液喷洒处理：

（1）药液喷洒应形成连续的覆盖层，不得遗漏。

（2）基础处理后应防止雨水冲刷和浸泡。

4.2.2.2.1.3　房屋主体结构的相关部位处理包括：

（1）砌体墙：地下室及首层砌体墙的两侧自地面计至少 800mm，2 层以上、外墙内侧及内墙两侧自地面计至少 150mm。

（2）管道、竖井、电梯井。

（3）室内所有门窗预留洞口。

（4）变形缝：两侧及底部。

（5）管道出入口：管道周边至少 150mm 宽、300mm 厚的土壤。

（6）电缆沟：电缆沟底部及两侧至少 100mm 厚的土壤。

4.2.2.2.1.4　室内地坪、挡墙、地下室的药液处理应符合下列要求：

（1）室内地坪必须在回填土平整夯实后，做垫层铺设前进行。

（2）基础外侧墙体必须在做散水坡或排水沟之前进行。

（3）基础外侧墙体和地下室应在离外墙面 150mm 的范围内，按深度 100mm 的规格沿外墙壁灌注施药，形成一条闭合的防蚁毒土带。若基础外侧没条件设毒土带，可在基础墙内侧，用同样的方法、规格处理。

4.2.2.2.1.5　基础及室内地坪药液喷洒应均匀。

4.2.2.2.1.6　砌体墙的处理应在墙体砌筑完成并基本干透后进行，建筑施工单位应掌握好施药后砌体的湿度，及时进行抹灰，抹灰前不得再淋水润湿墙面。

4.2.2.2.1.7　除管道、竖井和电梯井外，石材或混凝土的表面不得施用白蚁防治药物。

4.2.2.2.1.8　变形缝内的杂物应在封闭之前进行清理，难以清理的，应灌注药液进行处理。

4.2.2.2.1.9 药液处理后应保证24小时内防止施工用水的冲刷和浸泡。

4.2.2.2.2 装饰装修

4.2.2.2.2.1 所有木构件均应进行白蚁预防处理,处理药物可采用白蚁预防药剂或木材防护剂。

4.2.2.2.2.2 应在木构件加工成型后、防火防潮处理前进行处理。

4.2.2.2.2.3 木质构件在安装前,应对其与墙面、地面接触部位或埋入部位进行处理,根据实际情况采取药剂涂刷或浸泡的方法处理。

4.2.2.2.2.4 处理部位和处理方法应符合表1要求。

表1 装饰装修工程木构件药物处理部位和方法

装饰装修项目		白蚁预防处理部位	处理方法
吊顶工程		木吊杆、木龙骨、造型木板	涂刷法、喷洒法
轻质隔墙工程		木龙骨、胶合板	涂刷法、喷洒法
木门窗		门窗框与预留洞口的接触部位、固定木砖	涂刷法、浸渍法
细部工程	木门窗套	预留木砖、方木搁栅骨架、与墙体对应的基层板	涂刷法、浸渍法
	木窗帘盒	窗帘盒底板	涂刷法
	固定木橱柜	靠墙侧板、底板	涂刷法
	木扶手、护栏	近地端500mm	涂刷法
	木花饰	贴墙部分	涂刷法
墙面铺装工程		木砖、木楔、木龙骨、木质基层板、木踢脚	涂刷法、喷洒法、浸渍法
地面铺装工程		木龙骨、垫木、毛地板	涂刷法、喷洒法、浸渍法

4.2.2.2.2.5 木构件经白蚁预防药物处理后,应避免重新切割或钻孔;确有必要做局部修整时,对新形成的断面须进行重新处理。

4.2.2.3 监测控制系统

4.2.2.3.1 新建房屋室外地坪应安装白蚁监测控制系统。

4.2.2.3.2 白蚁监测装置的安装:

(1)白蚁监测装置应在房屋建成、室外绿化完工后,房屋整体交付使用前安装。

(2)安装之前应掌握安装区域地下管线分布情况,避免安装监测装置时造成破坏。

(3)白蚁监测装置宜安装在房屋四周、离外墙300mm～1000mm范围内的土壤中,有散水坡的,沿散水坡外沿100mm～500mm范围内安装,安装的间距宜为3000mm～5000mm。

(4)监测装置的安装应符合使用说明书的要求。

(5)对人为活动较为频繁、管理条件较差的安装环境,应选择埋设在地表以下的监测装置,监测装置上覆盖30mm～50mm的土壤。

4.2.2.3.3 白蚁监测装置的检查:

(1)安装白蚁监测装置后,监测装置内若发现白蚁,应定期进行检查。

（2）安装后的检查频次与时间：

1）乳白蚁：一年检查不少于4次，检查时间为3～11月。

2）散白蚁：一年检查不少于3次，检查时间为3～11月。

3）其他白蚁种类：一年检查不少于2次，检查时间为3～11月。

（3）发现白蚁后的检查频次和时间：

1）乳白蚁：每2～3周检查一次，投放饵剂后，每2周检查1次，直至白蚁群体被杀灭。

2）散白蚁：每3～4周检查一次，投放饵剂后，每2周检查1次，直至白蚁群体被杀灭。

3）其他白蚁种类：可根据具体情况合理设置检查周期，直至白蚁群体被杀灭。

4.2.2.3.4 监测到白蚁后的处理：

（1）当监测装置内发现白蚁，饵料被消耗大约25%时，应将饵料换成饵剂，并定时检查。

（2）当饵剂被消耗2/3～3/4，且尚有白蚁时，应添加饵剂，至白蚁群体彻底消灭。

（3）如白蚁数量很多，应在四周500mm范围内添加一定数量的监测装置。

（4）当一个白蚁群体被杀灭后，需对各个地下监测装置进行清理，重新放入饵料或安装新的监测装置对白蚁活动进行监测，一旦监测到新的白蚁活动，可再次启动白蚁杀灭程序。

4.2.2.3.5 白蚁监测控制系统安装后，应做好以下维护：

（1）更换损坏的监测装置，补充丢失的监测装置。

（2）更换监测装置内发霉、腐烂的饵料。

（3）调整松动、积水和遭破坏的监测装置的安装位置。

（4）清除监测装置四周的灌木、杂草，清除监测装置内的泥土、树根、草根。

（5）驱赶进入监测装置内的其他昆虫和小动物。

（6）根据房屋四周的土壤、绿化等环境发生的变化，调整监测装置的安装位置或增减监测装置的数量。

4.3 古建筑

4.3.1 预防设计应符合以下要求

（1）白蚁预防工程应结合其维护修缮工程进行，在设计预防工程方案时，应根据古建筑规模、木构架结构形式、白蚁种类、白蚁为害程度、周边环境、施工条件等因素，综合考虑预防工程技术措施。

（2）白蚁预防工程实施单位应密切与修缮单位沟通，掌握施工进度、加固或更换的木构件材质、施工场地等要素，避免出现工程不衔接的情况。

4.3.2 预防处理方法应符合以下要求

（1）修缮过程中，维修加固及更换的所有新木构架木质材料都需要进行防虫防腐处理，具体要求参见本规范4.2.2。

（2）所有维修加工或更换使用的新木质构件应控制含水率在20%以下。

（3）入墙的木构架及附属木质件加固后，采用喷淋或涂刷法时，结合其干燥程度、密度和吸收能力等因素，进行2次~3次均匀喷涂处理。

（4）基础、墙体内的处理参照本规范4.2.2。

4.4 地下轨道交通系统

4.4.1 地下轨道交通系统的预防设计应符合如下要求

（1）轨道交通地面建筑处理应包括车辆段综合基地、指挥控制中心、车站出入口、风亭、风井、电梯井、竖向管井、变电站、供水站、冷站等，地下建筑处理应包括车站、区间隧道、折返线、渡线等。

（2）应通过建立物理屏障或土壤化学屏障阻止蚁源入侵。

（3）结合广州市的气候特点，应防止地下轨道交通建筑渗漏水的问题，避免因渗漏水为白蚁生存提供有利条件。

（4）站台和地铁商业场所使用的装饰装修材料宜使用金属材料和各种防白蚁性能较好的高分子合成板等，不宜使用木材和塑料材料。

4.4.2 地下轨道交通系统的处理方法应符合以下要求

（1）地面建筑按本规范4.2.2执行，地下建筑按本规范5.4.3.4执行。

（2）土建施工方施工前应先对施工场地周边进行全面清理，灭杀存在蚁患，清除含纤维质的杂物。

4.5 桥梁

4.5.1 基本要求：应结合桥体维修进行处理

4.5.2 预防设计应符合以下要求

（1）应力求防潮、防漏、防渗，健全排水设施，避免桥梁积水。

（2）应减少木模板的使用，尽量采用钢模板、混凝土混合模板或充分压实的混凝土板。

（3）木构件应避免直接接触土壤，材料应选取抗白蚁材料，使用前作防潮处理。

4.5.3 处理方法应符合以下要求

（1）应重点处理桥跨的箱型梁和桥台等易产生白蚁的部位。

（2）箱梁内木模板应采用低压喷洒法进行全面施药处理，待药液充分渗透并风干后再进行维修施工。

（3）凡经过药物处理的木构件，其处理部位在维修施工中需裁切或刨削时，应对创面重新进行药物处理。

（4）变形缝应在密封前沿缝向下灌注药液处理。

（5）电缆系统以及各式橡胶支座，应采用涂抹法处理。

（6）对各类埋地管线出入口周围、绿化带内与桥体接触的土壤层应设置化学屏障。

4.6 电缆

4.6.1 电缆的预防设计应符合以下要求

（1）应选用防蚁型电缆产品，尽量避免采用直埋敷设方式。

（2）电缆白蚁预防方法应根据电缆的敷设方式、电缆沟周围土质和地下水位等环境条件进行选择，常见电缆敷设方式及处理方法应符合表2的要求。

（3）长期积水的区段可不作处理。电缆所在空间如方便进出，易于检查的，可不作屏障预防处理，但在运行期应有长期的监控措施。

表2 电缆敷设方式和处理方法

电缆敷设方式	屏障类型	处理部位
直埋	涂层或土壤化学屏障	电缆表面或回填土
电缆沟	土壤化学屏障	沟底、沟壁外侧及盖板上方土层
电缆隧道	土壤化学屏障	隧道顶盖以上、隧道壁外侧土层
穿管	土壤化学屏障	管口内、靠近管口的土壤
夹层和竖井	建筑主体预防	参照本规范4.2.2.2.1

4.6.2 涂层屏障处理应符合以下要求

（1）电缆放线到位后应及时施工，涂层完全固结后方可回填土。

（2）涂刷前要将电缆表面的水分、泥尘和油污处理干净。

（3）可采用喷枪或油漆刷人工涂刷，涂层的厚度控制在0.5mm～1.0mm。

4.6.3 土壤化学屏障处理应符合以下要求

（1）土壤化学屏障的设置基本参照本规范4.2.2.2。

（2）穿管敷设的电缆，应在管口周围土壤设置垂直屏障，屏障的宽度≥300mm，与电缆沟的土壤屏障连成一个整体屏障；管口以内用药液处理过的粘土填塞，厚度≥100mm，并与管口周围的墙体相连。

4.7 园林绿化

4.7.1 园林绿化的预防设计应遵循使用白蚁监测控制系统为主，化学药物处理为辅的原则

4.7.2 园林绿化的预防工程应符合如下要求

（1）应充分考虑绿化周边的环境因素，灭杀已存在的蚁患，清理可能孳生蚁患的富含木纤维的杂物。

（2）移植树木时要进行检查和预防。

（3）园林绿化的预防应充分考虑疏导积水的能力。

（4）主要通过加强绿化苗木的检验检疫工作，选用具有抗白蚁特性的绿化树种和使用综合治理的方式以实现防治白蚁目标。

4.7.3 园林绿化的白蚁预防处理应使用监测控制装置,并严格按照使用说明书进行操作。

4.8 水利堤坝

4.8.1 预防环节的找、杀(防)技术程序如下

(1)查找蚁源区的白蚁外露特征或用白蚁喜食物引诱,在白蚁分飞期,通过成虫落地及其飞翔途径等动态,观察分析飞临堤坝的成年巢方向、方位,跟踪查找。

(2)杀灭白蚁,防止蚁源区白蚁飞至堤坝上形成新的蚁害。

4.8.2 注意事项如下

(1)必须定期巡回检查堤坝,发现泥被泥线和幼龄巢,即行杀灭。

(2)根据蚁源区的地表地貌由近到远划分为若干小区,采用见蚁投饵法、引杀结合法或监测控制系统,进行灭杀,尤其对成年巢分飞前要及时投饵杀灭蚁源,防止有翅成虫飞入堤坝。

(3)加强灯光管理,堤坝非防洪抢险急需,在白蚁分飞期间不宜开灯。

(4)整治环境,保持堤坝的平直整洁度,降低脱翅繁殖蚁入土营巢概率。

4.9 药物的选择使用

必须遵守《中华人民共和国农药管理条例》,所使用的药物必须取得《卫生杀虫剂登记证》等相关资料手续,登记范围包括白蚁防治。

4.10 验收

4.10.1 物理屏障预防工程验收

4.10.1.1 物理屏障施工质量验收应包括下列内容:

(1)建筑场所蚁患的检查与处理。

(2)物理屏障的质量及其完好性。

(3)物理屏障的设置位置与数量。

4.10.1.2 物理屏障设置施工质量验收应以一个单体房屋作为一个检验批,验收资料应完整,并应符合表3规定。

表3 物理屏障工程竣工验收资料项目和内容

序号	资料项目	资料内容
1	工程合同	工程合同、附件
2	施工单位有关证明	资质证明、施工许可证复印件
3	施工技术方案	施工方案、设计图、目录摘要、变更联系单
4	施工记录表	施工记录(参见附录B)、施工汇总表
5	物理屏障检测结果	物理屏障各项参数的检测结果
6	工程质量事故记录	有关工程质量事故的记录

4.10.1.3 验收合格后,应将验收资料归档。

4.10.2 化学屏障工程验收

4.10.2.1 化学屏障工程验收分为中间验收和竣工验收两部分。

4.10.2.2 中间验收部分应符合如下要求:

(1)化学屏障工程中间验收项目和资料内容应符合表 4 规定,可根据需要对药土化学屏障和木构件处理进行抽样检测,检测报告可作为隐蔽工程验收资料,抽样处理和测定方法按现行有效的标准规范执行。

(2)白蚁预防工程药物处理阶段完成后,白蚁防治单位应及时整理施工过程中的资料并进行自检,确认合格后填写《白蚁预防工程竣工验收证明书》(参照附录 D),会同建设单位、白蚁预防设计单位、监督管理部门等共同进行竣工验收。

表 4 化学屏障工程中间验收资料项目和内容

序号	验收项目	资料内容
1	建筑场所蚁患的检查与处理	施工记录(参见附录 B)
2	药土化学屏障的建立	施工记录
3	各楼层及地下室砌体墙、埋地电缆沟、变形缝、木门框、窗框、木楼地板、木吊顶、木墙裙、室内管道井、电梯井及管沟等部位的处理	①施工记录 ②《隐蔽工程验收记录》(参见附录 C)
4	大型花坛、绿化带的处理	施工记录
5	设计中要求处理的其他项目	施工记录

4.10.2.3 竣工验收部分应符合如下要求:

(1)竣工验收资料应符合表 5 的有关规定。

(2)白蚁预防工程验收合格后,应将有关工程验收资料归档。

(3)白蚁化学屏障工程验收应以一个单体房屋作为一个检验批。

(4)化学屏障工程项目要求和检查方法如表 6 所示。

表 5 化学屏障工程竣工验收资料项目和内容

序号	资料项目	资料内容
1	工程合同	工程合同、附件
2	施工单位有关证明	资质证明、施工许可证复印件
3	施工技术方案	施工方案、设计图、目录摘要、变更联系单
4	药物质量证明文件	出厂合格证、抽样检测报告
5	施工记录表	每次施工的详细记录、施工汇总表
6	隐蔽工程验收文件	隐蔽工程验收记录,药土、木构件处理检测结果
7	药物使用情况记录	药物种类、浓度、有效剂量
8	工程质量事故记录	有关工程质量事故的记录

表6 化学屏障工程项目要求和检查方法

	要求	检查方法
主控项目	白蚁预防工程应对所用药物的资料进行验收，其种类、配比、性能必须符合设计方案的要求	检查农药生产许可证或者农药生产批准文件、农药标准和农药登记证
	室内预防处理的药物不得在常温下具有挥发性	检查药物的检测报告
一般项目	化学屏障应按规定要求配制药物，不得配制低于要求浓度的药物	检查抽样检测报告
	药物预防处理应按本规范的要求施工，施药量不得低于要求剂量或遗漏施药等	检查抽样检测报告。按现行有效的标准规范执行

4.10.3 监测控制系统预防工程验收

白蚁监测控制系统施工质量验收应包括下列内容：

（1）建筑场所蚁患的检查与处理。
（2）施工方案。
（3）监测系统的安装。
（4）白蚁监测控制系统施工质量验收资料应完整，并应符合表7规定。
（5）验收合格后，应将验收资料归档。

表7 白蚁监测控制系统工程竣工验收资料项目和内容

序号	资料项目	资料内容
1	工程合同	工程合同、附件
2	施工单位有关证明	资质证明、施工许可证复印件
3	施工技术方案	施工方案、设计图、目录摘要、变更联系单
4	监测装置、饵料质量证明文件	出厂合格证、抽样检测报告等
5	安装记录表和安装标示图	监测系统安装的详细记录、标示图和施工汇总表
6	工程质量事故记录	有关工程质量事故的记录

4.11 复查

4.11.1 新建房屋建筑进行白蚁预防处理后，应定期进行复查

4.11.2 签订白蚁预防工程合同时，必须明确合同有效期责任，白蚁防治单位应保证在合同有效期内的定期复查制度。原则上，工程竣工后前五年每年复查一次，以后每年复查二次

4.11.3 复查时，白蚁防治专业人员应对建筑物进行全面细致的检查，如发现白蚁为害，应及时采取措施进行灭治

4.11.4 复查完毕，应填写《白蚁预防工程回访复查表》（参见附录H），会同建设单位和白蚁防治单位共同签字，一式两份，双方各执一份存档备查

4.11.5 建设单位和建筑物使用者负有维护整个白蚁防御体系有效性和完整性的责任

当出现下列可能降低整个防御体系效果直至失效的情况发生时，应先与白蚁防治单位联系，共同商讨额外的预防措施并及时施工：

（1）基础结构接触的土壤被物理性破坏（如改建、修排水沟、铺设地下电缆或者动物挖掘破坏）。

（2）搭建与建筑物接触的未经白蚁预防处理的附属物，包括停车房、杂物间、棚架、楼梯等。

（3）原室外地坪被填高或降低。

（4）改建室内原来经过药物处理的结构。

（5）将已受白蚁为害的物品搬入或带入建筑物，或将易受白蚁为害的物品堆放于建筑物的外墙。

5　白蚁灭治

5.1　一般规定

5.1.1 白蚁防治单位在施工前应进行现场勘查，并填写勘查记录，根据白蚁为害特征和种类编制施工方案

5.1.2 施工过程中应做好现场记录，工程完工后客户应在验收证明中签字，复查结束，将全部资料整理归档

5.2　既有房屋

5.2.1 基本要求

白蚁防治单位应根据房屋的类型、用途和结构，进行现场勘查，根据白蚁种类、为害特点和业主的具体要求编制施工方案。

5.2.2 勘察方法

5.2.2.1 乳白蚁的勘察方法如下：

（1）首先观察室内木装修天花板、木门框、木地板、木柜等木构件位置的蛀害痕迹，根据排泄物、通气孔、分飞孔、蚁路、水迹等外露迹象查找蚁巢。

（2）排泄物和通气孔：观察排泄物泥土的颜色和湿润程度、是否有通气孔等特征。

（3）分群孔：根据分飞孔的位置判定蚁巢的位置。

（4）蚁路：根据蚁路的蔓延方向，结合白蚁的活动痕迹，追踪蚁巢。

（5）有翅成虫：4～6月为白蚁分飞季节，在白蚁分飞时，依据飞来方向分析蚁源区的方位，寻找蚁巢。

（6）用大螺丝刀等工具敲击木构件，从回音识别空废程度，然后用小螺丝刀刺穿木梁柱，根据插入时阻力的大小和观察到的兵蚁凶猛程度判定巢位。

（7）当木材质较坚硬时，不能用敲击的方法辨别，入墙横梁应从木梁两侧墙体凿开一定空位向内探查，但不能在底部插入探针以免发生断裂，应从两侧操作。

（8）空心墙应注意墙体空心程度，根据墙面孔洞和水渍等情况深入追查。

（9）追查蚁源还应重点考虑大楼伸缩缝、内外飘台、各种线槽及大楼外围的附属设施。

（10）配电系统应重点检查，尤其低层配电房附近的楼梯底和电房附属结构，发现蛀食痕迹时，须凿开封闭的墙体仔细查找。

（11）低层别墅的琉璃屋面内的乳白蚁巢体，应通过观察排水孔或瓦面缝隙中的白蚁外露迹象，开凿探查巢体。

5.2.2.2 堆砂白蚁的勘察方法如下：

（1）应重点检查室内木构件，不能使用敲击法判断其存在，可使用红外线白蚁探测仪器等设备作为辅助手段。

（2）主要观察木构件有无砂粒状排泄物，可用细小的铁丝沿排砂孔探测木构件内部的虚实，判断是否有堆砂白蚁为害。

5.2.2.3 散白蚁的勘察方法如下：

（1）首先应询问住户白蚁分飞或为害的具体位置。

（2）根据分飞孔的位置和蚁路判断蚁巢的位置。

（3）主要观察靠近地面的踢脚线、门窗框、插线孔、地板等缝隙处的分飞孔或墙面、木构件表面的分飞孔。分飞孔形状多为圆孔状或条状，圆孔状分飞孔宽2mm～3mm，条状分飞孔长1mm～2mm。

（4）观察物体表面形成的外露泥线，泥线宽常为5mm～8mm，泥线颗粒较细。

5.2.2.4 土白蚁的勘察方法如下：

（1）发现泥被时，用螺丝批撬开小孔，向地下找寻蚁路的方向，沿蚁路挖掘，蚁路将逐渐扩大，可发现菌圃腔，然后根据白蚁的走动方向和多少寻找主干道，从而找到主巢。

（2）根据分飞孔出现的位置找寻蚁巢时，从分飞孔处向下挖掘，可找到菌圃腔，然后沿主蚁道找寻巢体。

（3）从鸡枞菌出现的位置向下挖土，也可找到菌圃腔，然后沿主蚁道找寻巢体。

5.2.3 灭治措施

5.2.3.1 乳白蚁

5.2.3.1.1 蚁巢施药：首先在蚁巢上打几个小孔（不少于3个），有兵蚁前来守卫时喷药，用喷粉器向每个孔内喷药3～5次，每巢施药量20g以内为宜，根据蚁巢大小和蚁量合理调整施药量，施药后用废纸或棉花堵住孔口。

5.2.3.1.2 分飞孔施药：白蚁分飞期，可在分飞孔集中处挑开3～5个小孔，发现白蚁走动时喷药。用喷粉器向每个孔内喷药3～5次，施药后用废纸或棉花堵住孔口。

5.2.3.1.3 蚁路施药：将蚁路挑开多个小孔，发现白蚁走动时喷药。施药量可根据蚁路是否汇聚和汇聚量而定，但不能堵塞蚁路。

5.2.3.1.4 诱杀法：根据分飞孔高低和数量在对应的地面附近设立诱杀箱（或诱杀堆）。设置诱杀箱时，应尽量放置在接近蚁巢的位置，并远离通讯配电系统和木装修主体部位。

5.2.3.1.5 室内诱杀法：可用规格不小于350mm×300mm×300mm 松木箱，内放七八层干松木板，箱面用塑料板覆盖，置于出现蚁患的地方，经3～4周，待白蚁诱集数量较多时，掀开塑料板盖，向白蚁身上喷施药粉。

5.2.3.1.6 室外诱杀法：方法与室内诱杀法同，或将松木箱可改用PVC管（选用直径为200mm、高度300mm的PVC管，在PVC管上钻多个直径约6mm的小孔，以方便白蚁进出），在管内放置松木板，埋入地下离地面20mm处，用活动盖封口。

5.2.3.1.7 饵剂法：将带药的饵剂放置在白蚁活动的地方供其取食，直至将整巢白蚁杀灭。此法时间较长，一般需时1～2个月，期间需补充饵剂，蚁量多时应增加饵站。

5.2.3.2 堆砂白蚁

5.2.3.2.1 熏蒸法：常用药剂有硫酰氟（SO_2F_2）、溴甲烷（CH_3Br）、磷化铝（AIP）、敌敌畏（DDVP）。使用熏蒸剂时，应严格按照说明使用。人员密集的地方不能采取此方法，可改用涂刷、喷药常规方法。

5.2.3.2.2 清除蚁源：局部拆除已发生蚁患的木构件，防止继续蔓延。

5.2.3.3 散白蚁

5.2.3.3.1 液剂药杀法。在发现散白蚁活动的地方，全面喷洒药水或淋灌，毒化其活动环境。

5.2.3.3.2 粉剂药杀法。应将药粉喷到白蚁身上，或在蚁巢、分飞孔、蚁路、被害物上施药，并保持蚁路畅通、施药环境干燥；应多点施药。

5.2.3.3.3 诱杀法。参照5.2.3.1.4。

5.2.3.4 土白蚁

5.2.3.4.1 药液灌注法：应根据分飞孔的位置和蚁路走向，找寻主蚁道，然后用灌注设备将药液灌入巢体。

5.2.3.4.2 挖巢法：根据土白蚁分飞孔等指示物，找到蚁巢所在位置，将巢体挖出。

5.2.3.4.3 诱杀法：用土白蚁喜蛀食的材料做诱饵，参照5.2.3.1.4。

5.2.4 注意事项

5.2.4.1 施工前应检查屋面是否下沉、梁柱与墙体是否离脱异位、木柱和横梁是否弯曲变形、墙体是否开裂等情况，如发现有安全隐患，应在业主加固处理后方可进场施工。

5.2.4.2 施工中如果遇到蚁巢包裹电缆管线或水管，应做好防护措施后再进行处理。

5.3 古建筑

5.3.1 基本要求

5.3.1.1 白蚁防治单位施工前应对古建筑类型、结构和白蚁危害种类进行现场勘查。

5.3.1.2 施工方案的编制应遵循不破坏古建筑原貌的原则。

5.3.2 勘察方法

5.3.2.1 乳白蚁

5.3.2.1.1 施工前应首先观察建筑物外形，如出现屋檐下沉、梁柱弯曲变形开裂、木梁入墙离位较大等情况，应立即通知业主先进行加固，确保作业安全。

5.3.2.1.2 对于隐蔽分布在柱头"莲花托"、墙内的横梁、主梁顶端、排水渠的边梁上的细小空气孔、分飞孔，应使用细小的探针穿透梁柱探寻蚁巢。

5.3.2.1.3 具体勘察方法参照本规范5.2.2。

5.3.2.2 堆砂白蚁

5.3.2.2.1 检查时应重点检查室内木构件，红外线等设备可作为辅助手段。

5.3.2.2.2 主要观察木构件的表面或附近有无砂粒状排泄物排出，用细小的铁丝沿排砂孔探测木构件内部的虚实。

5.3.2.3 散白蚁

参照本规范5.2.2执行。

5.3.2.4 土白蚁

参照本规范5.2.2执行。

5.3.3 灭治措施

5.3.3.1 乳白蚁

5.3.3.1.1 用粉剂毒杀时，药粉喷出时应呈烟雾状。施药点选3个以上，每巢施药在20g以内为宜，施药巢位应打上标记。

5.3.3.1.2 漏水导致霉烂的梁柱应采用防水防渗材料补漏，并对腐烂部位及时采用水泥或树脂修补或更换，防止虫蛀。

5.3.3.1.3 具体灭治措施参照本规范5.2.3。

5.3.3.2 堆砂白蚁

5.3.3.2.1 应以涂刷、喷洒或浸渍的方式处理梁柱，分段或包裹密闭处理。

5.3.3.2.2 选用熏蒸法时应慎重，现场应作明显的警示及保护，防止人畜进入。

5.3.3.3 散白蚁

参照本规范5.2.3执行。

5.3.3.4 土白蚁

参照本规范5.2.3执行。

5.4 地下轨道交通系统

5.4.1 基本要求

5.4.1.1 白蚁防治单位应根据地下轨道交通系统的白蚁发生情况制定白蚁灭治方案，此外还应制定运营阶段的综合防治方案，方案中应有危险警示及应急处理预案。

5.4.1.2 进入轨道系统应佩带安全设备，做好安全防护措施，在轨道系统管理方专业技术人员带领下进行施工，并制定有关施工安全操作准则。

5.4.2 勘察要点

5.4.2.1 根据排泄物、通气孔、分飞孔、蚁路、水迹等外露迹象查找蚁巢。

5.4.2.2 勘察时应注意的部位：车辆段综合基地、指挥控制中心、车站出入口、风井、电梯井、竖向管井、变电站、供水站和地下建筑等，地下建筑包括车站、区间隧道、折返线、渡线等。

5.4.3 灭治措施

5.4.3.1 在白蚁分飞季节，对飞进轨道交通范围的长翅繁殖蚁应用药物喷洒杀灭。

5.4.3.2 根据白蚁的外露特征，用蚁巢施药法、分飞孔施药法、蚁路施药法、诱杀法和饵剂法等方法消灭白蚁，方法参照本规范 5.2.3。

5.4.3.3 应监控轨道交通建筑物、电缆沟、外围绿化带及树木，设置诱杀箱，及时杀灭白蚁，减少白蚁对轨道交通的危害。

5.4.3.4 加强对轨道交通沿线、车站大堂、车站进出口、设备用房、电缆的巡查，发现蚁患要及时治灭，避免蚁害扩大。

5.5 桥梁

5.5.1 基本要求

5.5.1.1 白蚁灭治工程应结合桥梁的检查维修定期进行白蚁巡查。

5.5.1.2 桥体灯饰及配电系统白蚁灭治应坚持综合治理的原则。

5.5.2 勘察要点

5.5.2.1 根据排泄物、通气孔、分飞孔、蚁路、水迹等外露迹象查找蚁巢。

5.5.2.2 重点检查大桥箱梁的木构件、塑料排水管、各式橡胶物件、桥体变形缝和配电房供电系统。

5.5.2.3 检查变形缝时应用细小钢针探查蚁情，找寻蚁巢。

5.5.3 灭治措施

5.5.3.1 引桥的变形缝、桥箱梁内残存的木模板、塑料排水管和各式橡胶物件，应在有活白蚁存在的部位喷施药粉。

5.5.3.2 箱梁内湿度大，应使用药液喷洒法。

5.5.3.3 附属配电房供电系统应以喷粉杀灭为主，必要时可设置诱杀装置。采用诱杀法处理时，应注意防止阻塞排水口和脱落伤人。

5.6 电缆

5.6.1 基本要求

5.6.1.1 白蚁防治单位应根据电缆的种类、敷设方式以及白蚁为害的种类制定白蚁防治施工方案，确保供电安全和防治效果。

5.6.1.2 在进入带电场所施工时，应做好各项安全措施，严格遵守电力管理部门的安全施工管理规定。

5.6.2 勘察要点

5.6.2.1 根据排泄物、通气孔、分飞孔、蚁路等外露迹象力求寻找蚁巢。

5.6.2.2 检查的重点部位是电缆、架设电缆的装置、电缆所在建筑物及建筑物外围50m内的树木、木桩、含纤维的杂物堆等场所。

5.6.3 灭治措施

5.6.3.1 发现白蚁后，参照本规范5.2.3进行灭治。

5.6.3.2 电缆表面的蚁巢和蚁路，应即时清理，不宜用药剂直接在电缆表面进行处理，清理后再选择合适的位置进行诱杀。

5.7 园林绿化

5.7.1 基本要求

园林绿化的白蚁灭治必须遵守保护环境的原则，应以园林及所在的环境为对象，制定技术方案。

5.7.2 勘察要点

5.7.2.1 移植已成材的绿化树木，在栽种前要由白蚁防治专业技术人员进行白蚁为害检查，着重检查树头、树干表皮、枯枝断面有无白蚁活动迹象，如发现树内有白蚁巢群，采取有效的灭杀措施后，方可栽种。

5.7.2.2 已栽种的绿化树木，应从下到上检查树干，根据白蚁的外露迹象查找白蚁，并用螺丝刀插入白蚁为害部位，根据阻力大小判断是否有蚁巢。

5.7.2.3 根据树干的泥被泥线和地面的分飞孔或候飞室查找蚁巢。

5.7.3 灭治措施

5.7.3.1 在白蚁分飞时节，树上或地面发现分飞孔，应在分飞孔处直接喷施药粉处理；平时在树头或地面枯枝等发现蚁患应采取诱杀法处理。

5.7.3.2 表皮以及树干中的白蚁可选用喷洒药液或灌注药液或粉剂毒杀。

5.8 水利堤坝

5.8.1 基本要求

5.8.1.1 水利堤坝必须实施白蚁防治，应按"无蚁害"堤坝标准实施，确保堤坝安全。

5.8.1.2 水利堤坝白蚁防治技术可采用以下环节：灭蚁环节，"找、标、杀"；灌浆环节，"找、标、灌"；预防环节，"找、杀（防）"。

5.8.2 系统防治法施工要点

5.8.2.1 灭蚁环节的"找、标、杀"技术程序

（1）根据白蚁的外露特征或埋设的引诱片查找白蚁。

（2）标记白蚁活动（或投饵）中心点。

（3）运用见蚁投饵法或引杀结合法灭杀白蚁。

5.8.2.2 灌浆环节的"找、标、灌"技术程序

（1）找死巢指示物炭棒菌。

（2）标记死巢位置作为造孔灌浆的依据。

（3）对巢灌浆、充填死巢穴系统。

对巢灌浆方法：针对白蚁在堤坝1m～3m深内构筑的巢体、菌圃腔、并由蚁道相连着的整个死巢穴系统进行充填式施灌，将浆液灌到孔口冒浆，回填夯实，重复灌浆、夯实，直至灌不成即可，浆料以就近取料为好，若对准蚁巢不用压力浆料即可流进蚁道。浆液不应掺入任何外加剂，如水泥、水玻璃等，更不能加入灭蚁药物。

5.8.2.3　预防环节的"找、杀（防）"技术程序

清除工程蚁害的同时对附近400m蚁源区进行自近到远的灭杀，以灭蚁代替预防，其做法与5.8.2.1相同。

5.8.3　加固达标工程建设期施工要求

运行期加固达标工程，应在施工前按照灭蚁环节的技术程序进行灭治。

5.9　药物的选择使用

药物的选择使用除符合本规范4.9的要求之外，药物还应具备较好的传递性。

5.10　验收

5.10.1　处理效果

在白蚁活动频繁季节（3～11月），查看合同规定范围内的白蚁活动迹象。处理效果评价如表8所示。

表8　白蚁施工现场处理效果评价

种类	处理效果
乳白蚁	1. 施药后巢体发臭或长菌丝 2. 施药后排泄物干枯，蚁路破了不补，且发现蚁尸，一个月无出现新的白蚁活动迹象
散白蚁	一个月无出现新的白蚁活动迹象
堆砂白蚁	一个月不再排砂粒
土白蚁	一个月无出现新的白蚁活动迹象
堤坝白蚁灭治工程的其他要求	1. 堤坝体表面每$25m^2$设置引诱物1处，如遇干旱天气需人工洒水，每隔一周检查一次，连续3次以上查找无白蚁取食迹象 2. 在离堤坝50m内的蚁源区找不到成年巢分飞孔，并在连续5000 m^2中泥被泥线不超过2处 3. 转入50m外400m内蚁源区的诱杀预防阶段，蚁情得到有效控制，在白蚁分飞季节，无有翅成虫飞临堤坝 4. 灭蚁后堤坝内的巢穴系统必须进行灌浆，经抽查解剖，充填度应达95%以上 5. 蚁害严重、蚁巢密度大，巢位充填灌浆效果无把握的堤坝段，应进行孔距、孔深为1m～2m的浅灌密灌法轮番充填灌浆3次以上，经抽查充填度达95%以上 6. 在水位超过正常水位或工程加固灌浆时，无因蚁患造成漏水或漏浆现象

5.10.2　验收资料

5.10.2.1　勘查记录、合同、施工方案、施工记录表、复查表及现场验收证明。

5.10.2.2 堤坝白蚁灭治工程验收资料还应包括工程预算报告、结算报告以及死巢穴系统灌浆资料和照片。

5.11 复查

施工完成后,应在3～11月进行复查,复查的频次应符合以下规定:
(1) 乳白蚁:一年不少于3次。
(2) 散白蚁、土白蚁和堆砂白蚁:一年不少于2次。

第 6 章　堤坝白蚁防治技术操作示范

6.1　堤坝的白蚁防治

6.1.1　堤坝蚁患检查

6.1.1.1　堤坝白蚁危害

堤坝白蚁为害造成山体塌陷（左）（箭头下为白蚁巢）以及导致堤坝崩决（右）

黑翅土白蚁为害堤坝酿成管漏（左）以及在堤坝内筑巢挖空堤坝（右）

6.1.1.2 堤坝白蚁外露特征识别

黑翅土白蚁有翅成虫从分群孔走出准备分飞（左）及♀♂成虫分飞脱翅后追逐配对（右）

黑翅土白蚁主巢（左）及黑翅土白蚁在巢外活动（右）

黑翅土白蚁的泥被

黑翅土白蚁的泥线

第6章 堤坝白蚁防治技术操作示范

黑翅土白蚁的大蚁道

黑翅土白蚁的新旧分群孔（左）以及挖开分群孔后现出的半圆形候飞室（右）

黄翅大白蚁及其蚁路

黄翅大白蚁的主巢王宫（左）及菌圃（右）

107

海南土白蚁王宫（左）及囟土白蚁王宫（右）

堤坝白蚁活巢指示物鸡㙡菌

堤坝白蚁死巢指示物炭棒菌（左）及鹿角菌（右）

台湾乳白蚁兵蚁和工蚁

台湾乳白蚁蚁路（左）及分群孔（右）

建筑物内的台湾乳白蚁地下巢（左）及电缆沟内的台湾乳白蚁地下巢（右）

6.1.2　堤坝白蚁综合防治（"三环节、八程序"）

6.1.2.1　"杀"环节

6.1.2.1.1　"找"或"引"程序

在堤坝上查找白蚁及其外露特征物（左）以及查找并跟踪白蚁蚁道以追踪主巢位置（右）

查找堤坝白蚁活巢指示物鸡枞菌，其下方必有白蚁主巢或副巢（菌圃）

以堤坝白蚁喜食物作诱饵，将诱饵片45°插入土中，以引代找

6.1.2.1.2 "标"程序

查找泥被、泥线等堤坝白蚁外露特征物，在发现处做好标记

查找分群孔（左）和候飞室（右）等堤坝白蚁外露特征物，并做好标记

6.1.2.1.3 "杀"程序

见蚁投饵：在发现泥被、泥线、分群孔、鸡枞菌等堤坝白蚁迹象处投放灭白蚁药饵

引杀结合：在蚁害严重或环境复杂的地方直接埋设诱杀片或投放药饵

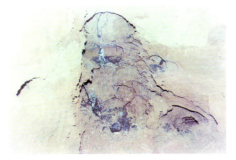 

用灭蚁药饵毒杀后的黑翅土白蚁主巢（左）以及蚁巢死亡后长出白菌（右）

6.1.2.2 "灌"环节

6.1.2.2.1 "找"程序和"标"程序

寻找堤坝白蚁死巢指示物炭棒菌等并做好标记，菌生长密集处直径约50cm为白蚁主巢位置

6.1.2.2.2 "灌"程序

6.1.2.2.2.1 制浆

将黄泥与水按一定比例配成黏土浆，浆液中不能掺有泥沙、水泥和玻璃等（赖健 供）

6.1.2.2.2.2 造孔

确定布孔位置后，用特制的造孔工具，人工锤击造孔

6.1.2.2.2.3 埋设进浆管

进浆管与输浆管连接（左），将进浆管埋入造好的孔中（右）

6.1.2.2.2.4 灌浆

灌浆机一端与连接进浆管的输浆管相连，另一端的输浆管插入黏土浆中（赖健 供）

开动灌浆机施灌

6.1.2.2.2.5 终灌

孔口出现冒浆、堵塞压实封闭不止时，终止灌浆，用泥土压实孔口

利用炭棒菌打孔灌浆的效果：大小箭头分别指示主巢和菌圃（左），大小泥块分别为主巢和菌圃（右）

6.1.2.3 "防"环节

6.1.2.3.1 "找"或"引"程序

在堤坝上埋设白蚁喜食的诱饵，以引代找，发现蚁患处不需作标记

6.1.2.3.2 "杀"或"防"程序

在发现蚁患处重点投放灭白蚁药饵（左）或埋设诱杀片（右），灭蚁后不需对巢灌浆

在蚁源区一定范围内，普遍地按一定规格埋设诱杀片

6.2 堤坝周边设施的白蚁防治

6.2.1 常用白蚁灭治方法

6.2.1.1 喷粉法

将药粉装入喷粉器的胶球中，药量不超过胶球容积 2/3

喷粉器喷嘴朝上，对准蚁路或白蚁为害处，挤压胶球喷施药粉

6.2.1.2 诱杀法

放置贴有警示标志的诱集箱（左），当箱中诱集到较多白蚁时对诱集箱喷药（右）

6.2.1.3 埋设诱杀坑法

挖坑埋设诱集箱（左），当箱中诱集到较多白蚁时对诱集箱喷药（右）

6.2.1.4 熏蒸法

用薄膜密封待熏蒸的物件（左），用刀在薄膜上割一小口（右）

用纸包住固体熏蒸剂放入薄膜内并封住小口（左）或将气体熏蒸剂通过导管从薄膜小口处释放（右）

6.2.2 白蚁预防方法

6.2.2.1 建筑物地基白蚁预防处理

建筑物地基浇淋药液预防白蚁为害

6.2.2.2 土壤化学屏障设置

对建筑物基础四周浇淋药液以设置化学屏障预防白蚁

6.2.2.3 建筑物内部墙基的白蚁预防处理

新建建筑物内部柱基和地面喷施药液预防白蚁

6.2.2.4　室内沉降缝和伸缩缝、管道和管沟等的白蚁预防处理

对新建建筑物内的所有管线槽、插座槽和门窗预留洞口四周喷施药液预防白蚁

6.2.2.5　埋地电缆沟的白蚁预防处理

在电缆护套表层涂抹预防白蚁药物

第6章 堤坝白蚁防治技术操作示范

在电缆沟内喷淋药液预防白蚁

参 考 文 献

1. Chapman, AD. Numbers of Living Species in Australia and the World. Canberra: Australian Biological Resources Study. 2006
2. Novotny Vojtech, Basset Yves, Miller Scott E, et al. Low Host Specificity of Herbivorous Insects in a Tropical Forest. Nature, 2002, 416 (6883): 841 – 844
3. 陈振耀，姚达长．水利白蚁防治［M］．广州：中山大学出版社，2011
4. 戴自荣，陈振耀．白蚁防治教程［M］．广州：中山大学出版社，2002
5. 高道蓉，高文，夏建军，等．深圳市白蚁调查［J］．中华卫生杀虫药械，2011，17（3）：234 – 240
6. 高道蓉．香港经济重要的白蚁和防治［J］．白蚁科技，1995，12（1）：1 – 5
7. 广东省地方标准《广东省水利白蚁防治技术规程（试行）》（征求意见稿）［S］．2006
8. 广东省地方标准《新建房屋白蚁预防技术规程（DB44/T 857 – 2011）》［S］．2011
9. 广东省昆虫研究所．白蚁及其防治［M］．北京：科学出版社，1979
10. 广州市地方技术规范《建筑物白蚁防治技术规范（DBJ440100/T 190—2013）》［S］．2013
11. 郭俊萍．土白蚁巢探测仪和防治仪一体化设计［J］．林业实用技术，2012（7）：38 – 40
12. 胡剑，钟俊鸿．物理屏障预防白蚁的研究进展［C］．广东省白蚁学会2004年团体会员大会暨学术研讨会论文集．2004
13. 黄晓光．声频探测器的原理及其在白蚁探测中的应用［J］．中华卫生杀虫药械，2005，11（5）：355
14. 嵇保中，刘曙雯，居峰，等．白蚁防治药剂述评［J］．林业科技开发，2002，16（4）：3 – 6
15. 李栋，陈业华，全启斌，等．物理法预防大坝白蚁试验［J］．白蚁科技，1990，7（2）：5 – 9
16. 李栋，田伟金．白蚁论文选集［M］．北京：科学出版社，2006
17. 李栋，赵元，石锦祥．水库土坝白蚁的预防初步试验［J］．昆虫知识，1984，21（6）：260 – 263
18. 李栋．堤坝白蚁［M］．成都：四川科学技术出版社，1989
19. 李桂祥，戴自荣，李栋．中国白蚁与防治方法［M］．北京：科学出版社，1989
20. 李桂祥，肖维良．中国白蚁研究概况［C］．广东省白蚁学会第九次会员代表大会暨学术研讨会论文集．2006
21. 李桂祥．中国白蚁及其防治［M］．北京：科学出版社，2002

22. 林善祥，石锦祥．大白蚁属（*Macrotermes*）一新种（等翅目：白蚁科）[J]．动物分类学报，1982，7（3）：317－320

23. 刘晓燕，钟国华．白蚁防治剂的现状和未来[J]．农药学学报，2002，14（2）：14－22

24. 卢川川．林木白蚁应向生态防治发展[C]．广东省白蚁学会2011年学术年会论文集．2011

25. 牟吉元，徐洪富，荣秀兰．普通昆虫学[M]．北京：中国农业出版社．1996

26. 宋晓钢．浙江等翅目昆虫（白蚁）考察[J]．浙江林学院学报，2002，19（3）：288－291

27. 田伟金，饶绮珍，黎明，等．预防白蚁工程必须高度重视环保问题[M]．见广东省白蚁学会编．白蚁研究．广州：广东经济出版社，1999

28. 田伟金，杨悦屏，庄天勇．白蚁防控工程实用技术[M]．广州：中山大学出版社，2011

29. 田伟金，庄天勇，黎明，等．白蚁危害水平与防治技术效果的初探[J]．白蚁防治技术研究，2000（1）：51－53

30. 田伟金，庄天勇，王春晓，等．埋地电缆白蚁防治概况及发展趋势[C]．广东省白蚁学会2004年团体会员大会暨学术研讨会论文集．2004

31. 涂广红，王传雷，江为为．田野白蚁主巢的高密度电法探测实例[J]．地球物理学进展，2006，21（1）：279－280

32. 王伟，季绍勇．白蚁隐患探测仪在西险大塘洞穴隐患探测中的应用[J]．浙江水利科技，2012，182（4）：65－67

33. 肖维良，钟俊鸿，黄静玲．白蚁防治技术发展的新趋势[C]．广东省白蚁学会第九次会员代表大会暨学术研讨会论文集．2006

34. 许继葵，刘毅刚，田伟金，等．广州地区高压电缆外护套受蚁害情况初探[C]．广东省白蚁学会2002年学术年会论文集．2002

35. 严双顶，叶松，戴大刚．白蚁隐患探测仪的无损探测方法及应用效果[J]．水利建设与管理，2010（10）：53－56

36. 杨秀好，骆有庆，Gregg Henderson，等．基于雷达遥感技术的土栖白蚁探测[J]．林业科学，2012，48（1）：115－120

37. 姚达长，黄顺明，李国亮，等．广东水利白蚁防治及其发展[M]．见广东省白蚁学会编．白蚁研究．广州：广东经济出版社，1999

38. 姚达长，梁光旺．水利"堤坝白蚁防治新技术研究及应用"项目述评[M]．见广东省白蚁学会编．白蚁研究．广州：广东人民出版社，1997

39. 叶合欣，刘毅，潘运方．广东省堤坝白蚁防治情况普查成果及防治对策探讨[J]．广东水利水电，2011，12，17－20，26

40. 曾环标，田伟金，杨悦屏，等．果园白蚁危害现状及防控策略[C]．广东省白蚁学会2011年学术年会论文集．2011

41. 张大羽，宋晓钢，程家安．探测及防治白蚁技术的进展[J]．白蚁科技，2000，

17（1）：23－26

42. 赵元. 广东白蚁及其防治［M］. 南京：河海大学出版社，1999

43. 中国就业培训技术指导中心. 有害生物防制员（基础知识）［M］. 北京：中国劳动社会保障出版社，2007

44. 中华人民共和国行业标准《房屋白蚁预防技术规程（JGJ/T 245－2011）》［S］. 2011

45. 中华人民共和国行业标准《房屋白蚁预防技术规程（征求意见稿）》［S］. 2010

46. 钟俊鸿，李秋剑，刘炳荣，等. 浅论我国的白蚁综合治理［C］. 广东省白蚁学会第九次会员代表大会暨学术研讨会. 2006

47. 钟俊鸿，李秋剑，肖维良，等. 白蚁综合治理的措施［C］. 广东省白蚁学会2004年团体会员大会暨学术研讨会论文集. 2004

48. 庄天勇，田伟金，梁梅芳，等. 埋地塑料电缆护套的白蚁防治［C］. 广东省白蚁学会2002年学术年会论文集. 2002